Modern
Packaging
Design

现代包装设计

何洁 等 编著

清华大学出版社

北京

内 容 简 介

本教材旨在强调培养学生科学与艺术、理论与实践、技术与美学结合的设计观,发现与解决问题的综合能力和与时俱进的践行意识。本着拓宽专业视野、重在实践应用的原则,教材内容力求适应当今经济文化的发展和时代变化的需求。全书以包装设计的实际操作流程为主线,有机地整合主要知识点,以利于学习者对包装设计的全面认知与理解。力求从实际、实用出发,充分考虑到专业属性、功能和内涵,不仅关注到国内外本领域学术前沿动态和经济、文化、科技发展对包装设计的影响,又兼顾到我国的现状和特点,以期对我国包装设计专业教育与教学的可持续发展产生积极的现实意义。

图书在版编目(CIP)数据

现代包装设计 / 何洁等编著. — 北京:清华大学出版社,2018(2023.8重印)
ISBN 978-7-302-49438-6

Ⅰ. ①现… Ⅱ. ①何… Ⅲ. ①包装设计Ⅳ. ①TB482

中国版本图书馆CIP数据核字(2018)第020939号

责任编辑:甘 莉 王 琳
封面设计:赵 健
责任校对:王荣静
责任印制:杨 艳

出版发行:清华大学出版社
　　　网　　址:http://www.tup.com.cn,http://www.wqbook.com
　　　地　　址:北京清华大学学研大厦A座　　　邮　　编:100084
　　　社 总 机:010-83470000　　　邮　　购:010-62786544
　　　投稿与读者服务:010-62776969,c-service@tup.tsinghua.edu.cn
　　　质量反馈:010-62772015,zhiliang@tup.tsinghua.edu.cn
印 装 者:天津图文方嘉印刷有限公司
经　　销:全国新华书店
开　　本:185mm×260mm　　　印张:17.75　　　字数:433千字
版　　次:2018年12月第1版　　　印次:2023年8月第8次印刷
定　　价:128.00元

产品编号:066765-01

前 言

  我国包装工业总产值从 2002 年的 2500 多亿元,到 2009 年突破 10000 亿元,超过日本,成为仅次于美国的世界第二包装大国。2014 年国内包装工业总产值达到 14800 亿元。包装行业社会需求量大、科技含量日益提高,已成为对经济社会发展具有重要影响力的支撑性产业。就现状而言,我国包装工业在包装观念、技术、材料、设备、工艺、设计,以及包装产业的规模、型类、实力和营销方式等方面还待全面转型与提升。现实表明我们还没有完全摆脱对包装的传统认知,对在当今时代背景下包装的生存与作用缺乏深刻的理解和认识。这就造成了今天由于过度包装设计所带来的一系列与社会、文化、经济发展和生态环境不相适应的问题的产生。

  由世界包装组织(WPO)主办的"世界之星"(WorldStar)优秀包装奖每年评选一次,其标准反映了世界范围内对于当今包装设计性质、作用、意义和价值的判断,代表了当前全球包装设计的趋向,具有一定的权威性和指导意义。其十条标准中既涉及"保护与保存性能""开启方便、使用安全""体现商品属性"的包装基本功能,又包含了"平面设计美观大方""结构设计独特、创新""包装制作精美"的包装审美价值,同时涵盖了"节约材料、降低成本""有利于环境保护、可回收"的生态、环保意识的强调和就地取材的倡导。这些评选标准在某种程度上打破了我们对包装设计一般性的认识和理解,延伸了包装设计的内容和功能,开阔了我们的视域,启发了我们的创意,助推了我们设计实践的创新。

  随着经济国际一体化的加剧,市场竞争日趋激烈,商品包装设计在完成自身所承担的职责的同时,必然会担负起更多的责任。在新的时代背景下,包装设计工作者无疑需要掌握更多不同领域的专业知识,了解国内外本领域的前沿动态与发展趋势,以国际视野、国家意识和创新实践为动力,担当起助推经济提升、传播中国文化的角色。这就要求包装设计工作者应具备对产品展开深入调研、对市场进行准确定位以及与用户进行有效沟通的能力,还需考虑商品的使用周期、安全卫生、回收利用、人性关怀等多方面的诉求，以期在完成包装属性所赋予的功能任务的同时，有意识和责任协调好商品与人、商品与包装、包装与环境的关系。

经过 30 多年经济快速发展，国际交流日益频繁，政府相关政策法规相继推出，我国的包装设计正在逐步走向理性和规范，显现出良好的发展势头和前景。同时，也预示我国的包装工业与包装设计从此进入了一个新的历史发展阶段。

在我国包装设计事业的发展背景下，高校的包装设计专业教学越来越重视对学生实践能力的培养，我认为这是一个很好的现象。理论联系实际一直是包装设计的教学宗旨。包装设计作为视觉传达设计专业的核心课程，亟待与社会、行业、职业需求对接，同时，需要系统完善的与行业发展相对应的新教材，从而提升包装设计的人才培养质量和水平。

从《现代包装设计》教材中，我们能够感受到编著者力求以当下时代视域的多维度考量，不仅关系到与包装设计相关的生态、环境问题，并着力强调了包装设计的精神与文化作用，力求本教材的当代意义和对包装设计的价值关照。书中洋溢着一股人文关怀、激励创新、倡导适度、关注生态的正能量，以及围绕"人、包装、环境"共生的理念构建。该教材站在教育学的角度，从实际、实用出发，充分考虑到专业涉及的知识点、内容和体系架构。该教材内容完善，理念先进、设计合理、贴近时代，不仅体现了国内外本领域学术前沿动态和科技发展对包装设计的影响，又兼顾到我国的现状和特点。因此，有理由期待本教材的出版发行能够形成对我国包装设计专业教育与教学的可持续发展产生积极的现实意义。

是为序

中国包装联合会设计委员会名誉主任
清华大学美术学院教授
陈汉民
2016 年 9 月

目录

第 1 章　含义与沿革

教学安排

课程名称	《现代包装设计》—— —— 含义与沿革
课程内容	包装的内涵、历史与沿革。
教学目的 与要求	了解有关包装的基本知识和价值意义，包装发展的历程及前沿动态，以及包装与社会与人类生活的关系。
教学方式 与课时	讲授，4 课时。
作业形式	根据课程内容，自拟题目，完成一篇字数为 1000~1500 字的学习体会。
参考书目	卢克·赫里奥特 编著. 包装设计圣经 [M].北京：电子工业出版社，2012 王国伦、王子源 编著. 商品包装设计 [M].北京：高等教育出版社，2002 金旭东、欧阳慧、谢丽 编著. 包装设计 [M]. 北京：中国青年出版社，2012

1.1 包装的含义

"含义"是字、词、话语背后所包含的意义。正确理解包装含义，有助于把握包装设计的内涵，树立正确的包装设计观，把握包装设计的规律和方法。

1.1.1 包装释义

《辞海》一书中，"包"有"包藏""包裹""收纳"的含义，篆字的"包"是母亲孕育孩子的形象，生动地表现了"包"的状态。"装"既可以理解是装、藏，也可以理解为对事物的修饰点缀。"包装"两个字本身就体现出包装的保护和美化的功能。

东汉许慎所著《说文解字》中，对"包""装"分别有这样的解释："'包'：象人裹妊，巳在中，象子未成形也。元气起于子。子，人所生也。男左行三十，女右行二十，俱立于巳，为夫妇。裹妊于巳，巳为子，十月而生。男起巳至寅，女起巳至申。故男季始寅，女季始申也。凡包之属皆从包。布交切。'装'：裹也，从衣壮声，侧羊切。"

可见，"包"与"装"意在表述物品的包裹、贮藏、携带、运输等。手工业时代，"包装"承载的主要是贮存、运输等功能。随着社会经济、文化的发展，产品被大量地"复制"以适应大生产的需要。可见"包装"作为一种"载体"，在不断完善其实用功能的基础上，不断适应社会发展，以满足人们的实用和审美需求，同时"包装"的发展也体现了时代的特征（见图1.1、图1.2）。

"包装"同时具有名词，动词属性，应该包括"物质的"和"行为的"两个方面。"物质的"是指盛装商品的容器、材料及其辅助性物品，即包装物。"行为的"是指实施盛装和封缄、包扎等技术活动，即包装的过程（见图1.3）。

图 1.1
伏特加酒包装 俄罗斯

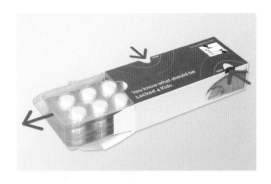

图 1.2
防儿童开启纸盒 荷兰

图 1.3
意大利面包装 意大利

我国国家标准 GB/T4122.1-1996 中规定，包装的定义是"为在流通过程中保护产品、方便贮运、促进销售，按一定技术方法而采用的容器、材料及辅助物等的总体名称。也指为了达到上述目的而采用容器、材料和辅助物的过程中施加一定技术方法等的操作活动。"应该说，这一定义既包含了包装的过程与目的，又包含了包装的结果与状态，概括了产品包装的内涵。

以下是其他国家对包装概念的表述。

美国："包装即使用适当的材料、容器，配合适当的技术，能让产品安全地到达目的地，并且以最低的成本，能够为商品的储存、运输、配销和销售而实施的准备工作。"

英国："包装即是为货物的存储、运输、销售而做的技术、艺术上的准备工作。"

加拿大："包装是将产品由其供应者送至广大顾客或消费者，而能保持产品处于完好状态的一种手段。"

日本："包装即使用适当的材料、容器、技术等，便于物品的运输，并保护物品的价值，保持物品原有形态的一种形式。"

综上所述，包装这一概念在不同文化背景、不同地域有一定的差异。但总体来说，包装概念中收纳、保护、美化、宣传的属性是不可或缺的（见图 1.4、图 1.5）。

包装的概念随着时代的发展也在不断变化。如今很多宣传推广活动及行为也被称为"包装"，例如对明星的"包装"、对企业的"包装"、对"活动"的包装等。随着社会的进步，包装的概念也会随之进一步丰富和扩展。

包装是一种人为活动，然而在自然界也有许多与之相似的事例。世间万物，许多都是带着天然的"包装"出现的。大气层对于地球，地壳对于地幔都可以看作一种"包装"。植物的皮、壳，动物的毛、皮也可以看作"包装"。

图 1.4
小团圆创意米包装 中国

我们看核桃那造型别致的外壳，"设计"是何等精巧，对于里面娇嫩的果肉无异于一身坚硬的铠甲，在适宜的条件下可以自由地打开，萌发新的生命。鸟类绚丽多彩的羽毛既可遮蔽风雨，亦可展示和炫耀，这与商品包装在功能上具有很多的相似性，从自然规律中学习借鉴也应当是我们理解和学习包装的一种方式。

1.1.2 包装设计

包装设计是指有目的地对包装的结构、形态和视觉传达的设计，是一门综合性较强的专业，要求从业者具有较宽的专业视野、理性的思维与艺术的表现能力（见图 1.6、图 1.7、图 1.8）。

包装容器设计既要考虑容器造型的美观，又要从技术层面考虑材料的选择、生产工艺的合理，成本的可控以及使用和保护功能（见图 1.9）。

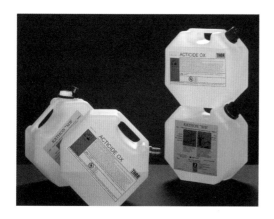

图 1.5
5升高密度聚乙烯罐 瑞士

图 1.6
农夫山泉矿泉水瓶设计 中国

图 1.7
农夫山泉矿泉水瓶设计 中国

包装结构设计大致可分为外部结构设计和内部结构设计,应该从包装的基本功能出发,依据科学技术条件对包装的内外部结构进行综合考虑。优秀的包装结构设计应以有效保护商品为目的,并应考虑其陈列、使用、携带、装运等方面的便利和材料的可降解与重复利用等。

包装视觉传达设计是指通过图形、文字、色彩等视觉元素传达产品信息的活动,目的是起到准确传达产品信息、塑造商品形象、便于识别认知、提升产品附加值和促进产品销售的作用(见图1.10)。

图 1.8
水井坊酒包装 中国

图 1.9
酒品包装
波兰

图 1.10
巧克力包装
瑞士

图 1.11
护理产品包装 日本

图 1.12
轻型 PET 瓶
碳酸饮品 德国

图 1.13
天然苦涩盐 日本

社会的发展，文化的变迁，科学技术的进步以及人们生活方式的转变不断赋予包装设计新的内涵（见图 1.11、图 1.12）。市场营销、消费行为、传播、美学以及环境等多学科知识的交叉与运用，促进了现代包装设计的进步与发展。一件优秀的包装设计应是产品造型、包装结构与信息的视觉传达三者有机的结合与统一，只有这样，才能充分地发挥包装的功能和作用。

1.1.3 包装的价值

18 世纪工业革命后，随着资本主义经济的发展，现代包装出现在商业活动中并逐步确立了自身的价值。1945 年"二战"之后，商业的繁荣助推了包装产业的发展，同时，包装设计成为现代设计领域里的重要组成部分。进入 21 世纪，全世界每年包装材料与包装容器的消费总额不断增加，2003 年已超过 8000 亿美元，占全球 GDP 的 2% 左右，包装业已排入世界前十大行业之列。

包装源于人类文明之始，其本意来自"保存与保护"。人类制造容器以保存水和食物，建造房屋以遮风避雨，剥取兽皮来保护身体……时至今日，在商业环境下对物品的保存与保护仍然是包装的主要功用。可以说，现代包装是人造物智慧的延续和进步的体现（见图 1.13）。

"包装"不仅因为它是商品的"卫士"，同时，也是商品的"无声推销员"。现代包装具有强大的信息传播功能，这使得包装无论是在传播商品信息，促进商品销售还是建立品牌形象方面都有着不可替代的作用。走进超市，每件商品都在通过包装无声地宣传和推销自己。作为商品"漂亮的外衣"，设计精美的包装在美化人们生活的同时，也影响着消费者的选择和购买行为。而今包装设计的视觉形式风格在某种程度上也成为了视觉时尚的风向标。

由此可见，"包装"既是商品的"保护者"，也是"推销者"和"美化者"。现代包装是商业文化的产物，包装产业的发展程度往往也标志着一个地区商业发达的程度，体现出科学技术与生产能力的进步水平。从视觉传达角度来看，包装往往也展示了一个时代的审美趋向和潮流。今天看来，"包装"不仅是人类科学与艺术智慧的结晶，它的方式和形式也一定会随着人类文明的发展不断地演进。

从世界包装组织（WPO）"世界之星"奖的评选标准（见图1.14），我们可以看到当今对包装功能与价值的具体要求。首先是包装"对商品的保护"以及"开启方便、使用安全"，它体现了包装最基本和原本的属性。其次是"具有销售吸引力""体现商品属性"，这两条体现出包装在营销方面的商业价值。"平面设计美观大方""结构设计独特、创新"以及"包装制作精美"三条标准体现了包装的审美价值。"节约材料、降低成本"以及"有利于环境保护、可回收"则体现出在可持续发展主题下，包装的生态价值。由此可见，围绕人、商品、环境、包装，此评选标准综合给出了具体指标。优秀的包装设计也正是集这些价值于一身，从各个角度满足人与社会不同层面的需求。

图 1.14
世界包装组织"世界之星"评选标准

1.1.4 包装的意义

包装的社会意义体现在物质和精神两个方面。从物质角度看，包装对于社会生产力的提高有助推作用。产品的流通与销售逐步成为经济活动的主要内容，产品的竞争促使包装设计水平迅速提高，起到间接刺激经济的发展的作用。

包装产业规模的不断增长，影响了社会生产的各个领域。如与包装原材料相关的伐木、造纸、玻璃、金属制造等行业，或与包装生产相关的机械制造、印刷等行业，以及与包装回收相关的环保、回收行业等，由此可见包装的发展与变化，牵动着社会经济的相关领域。如何有效的回收资源，避免污染与浪费，有利于人类物质文明的进步与发展，已成为当今全球经济可持续发展的重要命题。

物质文明与精神文明密不可分。早在人类的原始时期，人们就懂得用各种手法来装饰包装器物，可见，包装自形成之初就承载了人们对美的精神诉求。在我国手工业时期，包装的形式从陶器、木器逐步发展为漆器、青铜器、瓷器等多种形式。这些器物大多都装饰华美，很多器物上的纹样也成为今天研究传统装饰的经典案例。可以说包装是一种便于传达信息和情感的载体。

当今构建美的视觉环境已成为社会进步的标志。随处可见的商品包装自然成为现代生活中的视觉元素。人们在使用包装的同时也从包装中获得美的体验，并潜移默化地改变着我们的审美品位和取向。市场经济的激烈竞争也促使包装设计与时俱进，在满足受众物质需求的同时，构建着我们的视觉空间。

1.2 包装的沿革

"传统"是今天创造、进步与发展的根基和土壤。因此，要了解包装就必须了解包装的传统、历史及沿革的过程。在包装的发展史中，18 世纪 60 年代的西方工业革命通常被视为传统包装与现代包装的"分水岭"，在这之前为传统包装时期，此时期根据生产力状态的不同可分为原始时期和手工业时期。

1.2.1 原始时期

包装的原始时期是指生产力落后、工具原始、不具有大规模制造能力的历史时期；原始包装则多指那些利用天然材料依靠手工制作的包装。这类包装并未随原始时期结束而消失，其中很多形态与方式一直延续到今天。严格来讲，原始时期不存在独立意义上的包装，而是作为一种概念蕴涵于日常生活的器皿之中，基本满足了盛放、储存、运输等基本功能，与现代包装的实用功能相似。原始时期的包装具有以下特点：采用天然材料，就地取材，加工工艺及形制简单，功能以盛载和保护盛装物为主。

原始时期的包装多使用天然材料而非人为合成材料。因受生产力水平的限制，为了运输和储藏食物等生活资料，多使用树叶、果壳、兽皮、藤条等进行包裹和捆扎。陶器的发明是原始包装的一大进步，它具有更为坚实耐用的特性和利于制造丰富多样的造型,同时能够满足人们实用和审美需求。例如：马家窑的彩陶壶、罐、瓶、钵、盆等，光滑的表面多以黑彩绘出条带纹、圆点纹、波纹、旋涡纹、方格纹、人面纹、蛙纹、舞蹈纹等（见图 1.15~ 图 1.17）。饱满的器型施以优美纹饰的原始彩陶的出现，说明人类已经不再单纯寻求包装的使用功能。

编织器皿在原始包装中十分常见，例如从浙江钱山漾新石器时期遗址（公元前 2700 多年）出土的丝织品，装在竹篾编织的筐状物中。袋囊型的包装随着纺织、缝制技术的掌握也广为使用。《易经》中"坤卦"六四爻辞载："括囊，无咎无誉。""囊"即是指口袋，"括"意为扎上袋口，爻辞的意思为想要平安

图 1.15
马家窑类型陶瓮 新石器时期 中国

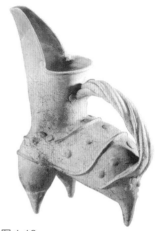

图 1.16
大汶口文化白陶 原始社会时期 中国

就要像扎上口袋那样保持沉默，这显然只是一个极具象征的比喻，但同时也反映出袋囊型包装的应用已相当普遍。

　　原始时期，包装尚处于萌芽阶段，其作用也主要限于生活物品的保护和运输，手工的生产方式使得包装形态较为随意、粗简且生产效率低下，然而原始包装中朴素自然的风格以及其中所呈现出的造物智慧仍然是我们今天值得研究和借鉴的宝贵资源（见图 1.16）。

1.2.2 手工业时期

　　手工业时代，伴随着生产力和生产技术的进步，社会分工日趋细化。用于交换的商品大量出现，社会对包装的需求也大大增加，大批手工艺者的出现，促进了包装工艺技术的进步。

　　手工业时代的一个显著标志是金属材料的广泛运用。随着冶炼技术的成熟，青铜、金、银、铁等金属材料成为手工匠人经常使用的材料。考古发现，中国人早在新石器晚期就掌握了青铜的制造工艺，在商周时期就创造了灿烂的"青铜文化"。春秋时期出现的"失蜡法"（或称"剥蜡法""蚀蜡法"），可以铸造大量纹饰繁复、造型多样的青铜器，如簋、甗、簠和豆、壶、盂等（见图 1.17）。我们可

图 1.17
青铜壶 战国时期 中国

以看到，这一时期的盛装器，不仅兼具储存、盛放、运输等实用功能，而且还赋予了包装审美的特性乃至精神意义。

距今 7000 年前，漆器发源于浙江河姆渡，至春秋时期日臻成熟。这种天然材料集防水、耐腐等特性，丰富了包装品类。战国、秦、汉时期的漆器，因其胎薄、体轻、坚固等特点脱颖而出，成为最受欢迎的包装物之一。湖北省曾侯乙墓出土的鸳鸯盒，造型生动优美，其装饰性远大于实用功能。在《韩非子》中讲述的"买椟还珠"的故事，反映了当时包装的精美、技艺的精湛以及人们注重包装美的心理诉求。长沙马王堆汉墓出土的丝绸包双层九子奁，展现了漆奁的包装形式，胎体较以前更为精薄，为了防止盒口的破裂，多以金、银片镶沿，这样既增加了漆奁的强度，又显得富丽、华美（见图 1.18）。漆器发展到后期出现了剔红、剔犀、镶嵌等工艺，装饰越发繁复精细，元代还涌现出张成、杨茂、张敏德等雕漆名家。

图 1.18
双层九子漆奁 汉代 中国

东汉时期蔡伦发明了造纸术，人类开始了纸媒传播，纸的出现也为包装提供了一种新材料。据考证，纸最早的出现并非用于书写，而是用于包装等杂用，之后随着纸质的提升才大量用于书写和绘画。此时"纸"常用于茶叶、食物、中药的包装。茶叶的包装当时称为"茶衫户"。新疆阿斯塔纳唐墓出土的名为"葳蕤丸"的中医药丸，就是用白麻纸包裹，写有"每空腹服十五丸食后眠"等类似现代包装中的产品使用说明。到了宋代，日常食品和日常用品用纸来包装更为普遍，如五色法豆要用五色纸袋盛之，等等，而且还出现了多层裱糊在一起的纸盒、纸筐箩及小型纸缸、纸坛、纸篮等日用包装容器。

图 1.19
黑漆描金云龙圆盒 清代 中国

图 1.20
西安法门寺七重宝函 唐代 中国

随着佛教在中原的广泛传播，唐代中期出现了木刻雕版印刷。现存最早有精美扉画的唐咸通本《金刚经》等唐代经文，佐证了当时印刷术的应用。印刷用于纸质包装，增强了包装的信息传播功能，如元代长沙城一家油漆颜料店印制的纸质包装广告：纸上印有文字和朱色印记，店铺的详细地址，以及所售商品的品种、质量和特性。文字中有"买者请将油漆试验，便见颜色与众不同"，"请认红字门首高牌为记"的宣传用语，令人称奇的是，纸质包装广告上的 5 枚朱印竟为防伪标记。沅陵元墓出土的商品包装纸更是将包装、广告、商标融为一体，已具备了现代包装的某些特征。

手工业时代的包装生存于宫廷、宗教与民间，不同环境、不同需求造就了不同的包装形式，三者并行不悖、相互影响、促进。

宫廷器物作为权贵身份和权力的象征，代表着一个时代工艺水平的巅峰。"宫廷制造"通常集中了当时最珍贵的材料，最先进的技术工艺和最高超的匠人。如元代官营手工业系统，专门为皇室、贵族生产金、银、玉、器皿、冠佩、服饰等奢侈品。清代御用作坊造办处"集天下之良材，揽四海之巧匠"，专门负责设计和制作宫廷皇家用品。宫廷包装既注重实用保护功能，更强调艺术价值，追求包装的审美情趣，其选材考究、精雕细琢、不惜工本。在包装物的造型设计、装潢设计上处处体现出至高无上的皇权思想和皇家气派。宫廷制造的生产方式将最优秀的物质与才智集中，刺激了工艺技术的进步，同时也带动了包装艺术的发展（见图 1.19）。

手工业时期，与宗教相关的用品及包装以其独特的文化气息展现了自己的风貌。例如佛教自公元前 2 年由尼泊尔境内的迦毗罗卫城传入中国，佛事活动的兴盛，产生了大量与佛教相关的铜造像、法器、佛像画、经文，甚至佛舍利塔等。从考古角度来看这类包装用材考究，形制、纹饰等多带有明显宗教色彩，整体风格神秘、庄严、华丽。例如，陕西临潼法门寺地宫中出土的释迦牟尼舍利的包装，整体以纯金、银制作的七重宝函套装，整件包装显得极为炫目、富丽、神圣且奢华（见图1.20），在设计和工艺上可与宫廷制造相媲美（见图1.21）。

图 1.21
嵌石檀香木"无量寿佛经"莲座盖盒 清代 中国

民间包装由于地域和民族习俗的差异，形式丰富多样，反映出各自的生活方式和审美取向。例如内蒙古的皮囊包装，利用草原上丰富的皮革材料而制成，以其耐磨、抗冲击、携带方便等优点深得草原民族的喜爱。山东、河南等地使用玉米皮制成包装提兜，既保护了酒瓶又便于携带。福建有竹笋皮包装的茶叶，绍兴用土陶坛子存放花雕酒，都具有鲜明的地方特色。这些包装就地取材，不仅实用性强，而且形式多样，颇具趣味性。

手工业时代，包装从盛装器向着具有商业意义的独立包装演化。宋代是我国的城市商业和海运业逐步发展的时代，出现了专门的官方机构和遍布全国的民间作坊。海上贸易已能通航大食（今伊朗一带）、日本及南洋诸国。并通过"海上丝绸之路"出口中国的丝织品、瓷器、漆器等商品，促进了包装的

图 1.22
刘家功夫针印刷广告 宋代 中国

繁荣。同时宋代也是我国雕版印刷的黄金时代，如所熟知的北宋"济南刘家功夫针铺"包装纸采用的正是这种铜版雕刻工艺，其设计具备了类似现代包装的理念（见图1.22）。明代社会经济繁荣，在江南一带的富庶地区曾出现了早期的资本主义萌芽，新兴的商业和港口城市迅速发展。伴随着商品的生产、流通和消费，在国内和海外贸易频繁的刺激下，商品包装设计更加兴盛。这时的包装在沿用传统形式和习惯的基础上，制作工艺和手法也愈加成熟。

手工业时代的包装主要由手工匠人聚集的作坊生产的，由于工艺上依靠手工制作为主，机械化程度低，从而制约了生产能力的提高。但就其自身发展而言，在包装材料和加工工艺等方面，逐步形成了自身的特点和风格，代表了那一时期科学技术的水平。由于商业活动的兴起，这一时期开始出现具有商业功能的包装，可以说是现代包装的前身。

1.2.3 工业时期

随着欧洲工业革命，商品经济的繁荣，包装在运输和销售中的作用越发明显，包装产业也随之快速发展，包装工业链逐步完善，现代包装概念开始形成。

18世纪中期，从英国发端的工业革命席卷全球，机器生产的方式极大提高了生产效率，促进了商业经济的飞速发展，包装的生产效率发生了质的飞跃（见图1.23、图1.24）。

图 1.23
1899 年至今的可口可乐瓶　美国

图 1.24
洗涤液包装　英国

技术的进步使得包装材料由天然材料向人造材料转变，塑料和复合材料的出现极大丰富了包装方式。同时防水、防火、抗压、防伪等新型纸张增强了纸质包装的功能和适应范围。新型黏结剂、真空包装技术、智能包装等新技术带来了加工工艺的革命。

工业革命改变了人们的生产、生活、消费方式乃至审美观念的变化，社会开始步入"消费时代"，成为 20 世纪末至今全球经济甚至社会文化的重要特征。消费时代商品竞争加剧，包装在商品营销中的作用越来越明显，仓储式超市消费模式的普及，使商品竞争转化为"包装"的竞争。商品的宣传，商品和企业形象的塑造越来越注重"眼球效益"的价值。

在日益成熟的品牌意识下，包装在营销中更加注重与广告公关等其他营销活动的协同作战（见图 1.25、图 1.26）。消费时代系列化、规范化、个性化的包装设计是现代企业参与市场竞争的必要手段，它不仅高效率地传达商品信息，同时成为企业品牌形象的重要组成部分。品牌观念指导下的包装设计已不再是完成一件独立的包装设计，而要更为重视与企业形象战略（CIS）之间的关系。如以"麦当劳""肯德基""可口可乐""宝洁"等为代表的跨国连锁企业，尤其注重包装的系列化设计与品牌建构的关联。

消费时代消费者多层次、多样性的消费需求，为包装设计提供了新的理念和空间，包装不仅拥有广大的受众，也已成为受潮流影响又反过来引领时尚的一种特殊的宣传媒介。近几年，关于包装的视觉传达对人的心理及行为的影响或相关问题的研究越来越被业界关注，为包装设计的可持续发展提供了新的发展机遇。

图 1.25
"绝对"伏特加经典包装设计案例 瑞典

图 1.26
马卡龙包装 瑞士

1.2.4 信息时期

随着计算机网络技术的快速发展，信息时期悄然到来，信息技术的进步同样影响着包装行业的发展。新观念、新理念，以及新媒介、新材料和新技术的层出不穷，使"包装"这一传统媒介面临着前所未有的发展机遇与挑战。例如，今天在包装上广泛使用的二维码，只要用手机拍照扫描，就能登录相关网站或者获得大量相关信息，某种程度方便了消费者深入了解产品信息的愿望。近些年出现在网络销售中的虚拟包装，由于只是用于屏幕显示，在实际销售中则采用相对低成本的运输包装递送。这种方式为厂家和消费者节约了成本，大大减少了包装的污染与浪费，促生了可持续发展的生产方式形成。

信息时代，包装产业的信息化建设主要包括包装信息数据库以及包装信息网络的建设。同时包装信息网络也应与国家政策网络、企业网络、电商网络等网络平台相挂钩，统一步调，协同发展。总之，信息时代背景下，人的生活方式，以及消费观和销售、消费方式的转变，正在改变着这个有着悠久历史的产业。

本章思考题

传统包装与现代包装的异同有哪些?
当今包装功能与价值的延伸是什么?
包装与环境的关系是什么?

第 2 章　分类与功能

教学安排

课程名称	《现代包装设计》二 ——分类与功能

课程内容 　包装的分类及包装的功能。

教学目的 与要求 　了解包装的类别及分类方式，包装的属性与功能。

教学方式 与课时 　讲授与讨论结合，4课时。

作业形式 　根据课程内容，自拟题目，完成一篇字数为1000~1500字的学习体会。

参考书目 　白世贞主编.商品包装学[M].北京:中国物资出版社，2006
　　　　　　黄俊彦主编.现代商品包装技术[M].北京:化学工业出版社，2004
　　　　　　陆佳平编著.包装标准化与质量法规[M].北京:印刷工业出版社，2007

2.1 包装的分类

包装按不同方面产生多种分类方法。了解包装的分类方法是进行包装设计的前期基础工作。通常可以从以下 7 个方面进行分类。

2.1.1 按包装尺度分类

按包装尺度，可以分为大包装、中包装和小包装。

大包装：又称外包装或运输包装，作用是保护商品不受损害，便于堆放与装卸，侧重于材料的选用和形式的合理（见图 2.1）。但一些有特殊需求的商品，如外销、军用、文物等，则在外包装上有特殊的要求。

中包装：不仅具有大包装保护商品，便于堆放、装卸和运输的特点，又有小包装直接接触消费者的要求。进行设计时，要针对它的用途来具体考虑，如是基于运输、还是销售，或两者兼备（见图 2.2）。

图 2.1
木制大型运输包装

图 2.2
赞炭包装 中国台湾

小包装：也称内包装、个体包装、销售包装，是与商品、消费者直接接触的包装。它的目的是能够吸引消费者的注意，激发消费者的购买欲望，在消费者购买、携带与使用的过程中，对商品起着宣传和保护作用，也是生产者、商家与消费者有效沟通的纽带与桥梁。由此可见，小包装在包装中占有极其重要的地位（见图2.3）。

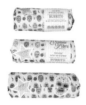

图2.3
有机墨西哥午餐 爱尔兰

2.1.2 按包装材料分类

按包装材料，可以分为纸质包装、木质包装、塑料包装、玻璃包装、陶瓷包装、金属包装、纤维织物包装、天然材料包装、复合材料包装等（见图2.4、图2.5）。随着包装技术的进步，新型包装材料正在不断更新。

当今在经济快速发展，工业化程度不断提升的同时，环境问题已经成为人类面对的严峻课题，引起了业界对包装材料与环境保护及生态文明的关注和重视。如英国开发出的胡萝卜纸，便是以胡萝卜为基料，添加适当的增塑剂、增稠剂和抗水剂，同时利用胡萝卜的天然色泽，制成价廉物美的可食性彩色蔬菜纸。德国 PSP 公司开发研制出泡沫纸生产新工艺，利用它生产的包装材料可替代传统的塑料泡沫材料。另外许多发达地区的印刷品开始采用无毒害的大豆油墨，近年来我国也正在积极地以立法的形式禁止使用或尽量减少使用某些含有有害成分的材料。

图2.4
香格里拉酒包装 中国

2.1.3 按包装用途分类

按包装用途，可以分为通用包装、专用包装、礼品包装、复用包装、集装化包装、周转包装、特殊用品包装等。

图2.5
米袋包装 日本

图 2.6
巧克力礼品包装

图 2.7
集装箱包装

复用包装是指除了具备包装的基本功能以外还有其他使用价值的包装。礼品包装，是以馈赠为目的的专用型包装（见图 2.6）。周转包装则单指可以反复使用的商品转运容器。集装化包装，是适于若干包装叠放在一起，并适应机械化装运的大型搬运包装。近年来由于人们对商品个性化的需求，包装形式和形态的碎片化越演越烈，造成了一定程度上的资源浪费，因此对具备通用性质的包装需求加大，通用性包装是指包装通过特殊结构设计能够盛装不同大小、形状或材料的商品，满足了市场对这一方面的需求，同时减少了包装的加工程序（见图 2.7）。

2.1.4 按包装工艺技术分类

按包装工艺技术，可以分为一般包装、缓冲包装、喷雾气式包装、真空吸塑包装、防水包装、充气包装、压缩包装、软包装等。例如，我们使用的杀虫剂和香水多采用喷雾包装，而饮料则采用瓶装或软包装，肉类制品为了增加保存时间多使用真空吸塑包装，电池等小商品为了突出展示面多采用吸塑包装等。这些包装形式的产生，反映了包装材料和加工工艺的不断进步。

2.1.5 按包装的商品内容分类

按包装的商品内容，可以分为食品包装、文化用品包装、药品包装、纺织品包装、日用品包装、玩具包装、酒类包装、饮料包装、五金工具包装和电子产品包装等。因为包装盛装的商品不同，均把有效传达商品的属性和特点作为表现的重点，在小包装中颇为普遍。

2.1.6 按包装商品销售分类

按包装商品的销售,可以分为内销包装、外销包装、经济包装、促销包装等。内销、外销包装因销售地及消费受众的差异,往往使用不同的语言和形式表现商品信息,经济包装则体现在材料、印刷方式的选择,是以降低成本为目的。促销包装一般采用加大宣传内容和特殊视点的方式,以引起消费者的注意,往往还需配合相应的促销手段(见图2.8)。

2.1.7 按包装设计风格和表现形式分类

按包装设计的风格和表现形式,可以分为传统包装、现代包装、怀旧包装、简约包装、卡通包装、绿色包装等。共同的特点是从形态到风格均以视觉传达的方式呈现。包装设计的风格形成,是以视觉元素及各元素之间的编排关系构成的,换言之,选择什么样的元素和编排设计,决定形势与风格。

总而言之,包装从各个角度、不同层面的归类与细分,不仅反映了时代发展背景下社会分工的专业化程度,同时,也反映了社会的进步和时代的特征。

图2.8
饮料品牌和包装

2.2 包装的功能

包装的功能主要由实用性和精神性组成。实用功能主要是指包装对商品的运输、防护、防伪、便利、环保等功能；精神功能主要是指宣传、促销、美化等功能。

图 2.9
鲜花运输箱 土耳其

2.2.1 保护功能

从古至今，如何使商品在营销的整个环节中一直保持良好的品质，是包装最重要的功能之一。厂家在生产中对商品的品质有既定的指标，商家在营销中对商品质量有明确的要求，包装则是生产商和销售商的承诺书。一件商品从生产者到消费者，中间有复杂的流通环节，要经历各种条件的考验。由于商品千差万别，外界的不良因素也是多种多样的，这就给商品的"卫士"——包装提出了更为严格的要求（见图 2.9）。

1. 对商品的物理防护

在商品的运输、储藏和销售过程中，包装首要解决的就是物理防护问题。物理防护是指保护商品免于受到震动、挤压、撞击等伤害。如何能在合理的包装成本之下更好的防护商品，一直是包装研究的重点。明代沈德符在《敝帚轩剩语》一书中记载：在包装时"每一器内纳沙土及豆麦少许，叠数十个辄牢缚成一片，置之湿地，频洒以水，久之豆麦生芽，缠绕胶固，试投牢硌之地，不损破者始以登车。"换言之，如何保证商品的完整是包装物理防护的目的。

运输过程是对玻璃制品、酒类以及一些贵重物品包装的最大考验,不同的运输工具、条件、人员对于商品都有可能造成不同程度的破坏。科学的包装则能够尽可能避免或减少商品的损坏度。大包装要考虑现代机械运输的特点和专业人员大规模作业的需要,小包装与某些中包装则要充分考虑消费者携带的方便。

2. 对商品的化学防护

包装应能够保证商品化学成分的稳定,使其不易变质、挥发和受到腐蚀,并避免化学物质的污染。如香水或酒类商品要防其挥发,药品、胶卷、化妆品要防止因红外线或紫外线的辐射而变质。再如种类繁多的食品,对于冷热、水分、光照、酸碱等方面有不同的禁忌。另外,还有一些商品需要低温保存或控制在适宜温度范围内。总之,液态商品首先要考虑防泄漏、防挥发,药品、食品要标明保质期,牛奶等易变质商品对于密封有严格的要求。这都需要采取科学、有效的手段形成对特殊商品的保护(见图2.10)。

图2.10
密封型 JSC 瓶装酒 乌克兰

3. 对商品的生物防护

生物防护一方面是指防止商品受到细菌、病毒、昆虫、动物等的损害;另一方面是指保持商品的质量与新鲜程度。医药用品为避免感染通常都要有严格的生物防护措施,通过真空密封等手段防止细菌的侵入。食品则最易受到昆虫、老鼠等生物侵害,因此针对不同食品易受侵害的特点应采取不同的包装方式。随着科技的进步,新的防护材料和手段应运而生,为商品的生物保护提供了更多可能(见图2.11)。

图2.11
陶罐形汤罐头 皇冠欧洲食品 英国

4. 对特殊商品的防护

对于特殊商品，包装应利于保护其生物活性。例如，水果蔬菜的保鲜主要是抑制它们的呼吸作用和细菌的增殖速度。蔬菜水果的呼吸作用及微生物的增殖都与储藏的温度、湿度、气体成分有关。一般来说，低温、高湿度、低氧、高二氧化碳、低乙烯、无菌的环境有利于蔬菜水果的保鲜，因此保鲜的主要方法是保持低温、控制水分蒸发、调节气体环境、清除乙烯气体、杀菌和抗菌等。蔬菜水果保鲜的主要材料有功能型保鲜膜、新型瓦楞纸箱、功能型保鲜剂等。除此以外，新型的保鲜托盘也具有调节湿度、控制气体含量、防止霉菌繁殖等功能，以此保持蔬菜水果新鲜度（见图 2.12）。同时，针对特殊商品应采取特殊防护措施。例如，危险化学品及有毒有害物质包装不仅本身要能防止物理、化学伤害，在包装上还需要有标明其危险特性以及相关警示的文字。贵重礼品、艺术品、文物等高价值商品包装，应防止运输与销售的过程中可能存在的人为破坏和丢失等。

图 2.12
香草沙拉外包装　瑞典

2.2.2 便利功能

便利功能是指包装在仓储、运输、销售、使用的过程中便于操作的功能总称（见图 2.13）。

比如运输包装应便于运输和码放，因此电视、洗衣机等大型商品的外包装箱通常两侧配以扣手，便于手工搬运。大包的洗衣粉或卫生纸包装上通常也留有提手以便于携带。听装啤酒码放时，上下层的罐底和罐盖可套合在一起，使码放更整齐和稳固等。

在销售过程中，根据商品不同的特性，

图 2.13
新概念食品包装设计

包装也以不同方式实现便利。如有的灯泡包装，将灯泡螺口暴露在外，不拆开包装即可进行通电检测。再如很多食品包装采用"开窗"的设计方式，在销售过程中方便消费者观察商品。

商品包装的开启方式是包装设计中的重要部分，大部分商品包装采用易开启的方式，包括常见的易拉罐、易开瓶、易开盒及手提式盒、袋、桶等，其中有拉环、拉片、按钮等多种方式，常见的有扭断式、卷开式、撕开式、拉链式等方式。易开纸盒一般在盒顶部设计一个开启虚切口或一条开启带，用手指一按或一撕即开。有些易开袋是用阴阳槽相契合或者用拉链式，使用非常方便。有些罐装食品外加一个塑料盖，开罐后能重复使用。有些饮料的瓶盖设计，在第一次打开后，只要按一下就可以直接饮用，不喝时向上一提即可盖上，方便又卫生。有些保健品或者药品的瓶盖设计采用卷开式或者拉片式，在瓶盖上设计一个小口，只要向一个方向卷起或拉起，瓶盖就被打开。有些洗衣粉易开包装盒，在盒上部有一块可活动的铝片口，用时只要轻轻向外一抠，洗衣粉便可倒出，不用时再合上，非常巧妙。

今天包装对于消费者而言不仅是一个盛放商品的容器，在使用过程中包装还可以起到辅助的作用。例如，洗发香波常用的按压式包装，只要轻轻按压就可以取得合适的用量。再如，喷雾式包装，轻轻一按就能喷在指定区域。可见，基于便利性的包装设计能给使用者带来实实在在的方便，并给消费者留下良好的印象。

2.2.3 促销功能

包装的促销功能是包装功能的重要组成部分，应能起到吸引消费者注意，激发消费者购买欲望和产生购买行为的作用，在商品的流通与销售环节中承担着无声推销员的职责。它的作用与意义是由商品信息传达的是否准确有效，以及视觉效果的优劣而决定的（见图 2.14）。

图 2.14
瓶装胶囊鱼油 澳大利亚

1. 信息传达

包装作为商品的外衣同时也是传递商品信息的载体。商品信息通常包括商标、品牌、商品名称、商品形象、使用说明、成分、生产日期、厂家信息、容积重量等元素，通过包装形态、图片、文字、肌理等方式向消费者传递出商品的属性和特征（见图 2.15）。在品牌营销中，包装作为体现营销价值链的终端载体，有着不可或缺的身份和作用。例如，可口可乐经典的"曲线瓶"，历经百年，已经成为公司的专有符号，只要人们看到它就能联想到其品牌。对于企业而言，包装所承载的是企业的形象及文化。

图 2.15
牙签产品外包装　日本

对于消费者而言，包装上的信息还带有很强的导向性，人们习惯于在琳琅满目的商品中选择认为性价比高且赏心悦目的商品。如食品包装上的信息一般包括营养成分、重量以及生产日期和储存方法等。药品包装则负担着告知药性特征、使用方法、安全事项等责任。此外，大型运输包装上通常也标示出运输方式、堆叠限制、商品属性的重要信息。

2. 吸引注意力

商品包装设计集艺术美、科学美、技术美于一身，借助于视觉语言进行沟通，消费者由此形成对商品包装形式、色彩、编排、图案、结构所组成的"形象"认知。这种感性印象在消费者购买商品时，将起到重要的助推作用。杜邦定律告诉我们：63% 的消费者是根据商品的包装和装潢进行购买决策的。到超市购物的家庭主妇，由于受精美包装和装潢的吸引，所购物品通常超过她们出门时打算购买数量的 45%。由此可见，包装的"第一印象"率先进入人们的视线，包装"形象"的视觉表现对消费者购买行为的发生起着重要的引导作用。

随着市场竞争的日益激烈，商品（或服务）的同质化，消费者需求的多样化日益凸显，提升包装的形象力已成为商品促销的重要手段。同时，包装形象作为企业品牌的延伸，是企业的"脸面"和企业联系消费者的"桥梁"，构成了企业形象不可分割的重要组成部分。独特而鲜明的包装"形象"直接影响着消费者对商品的总体看法、印象和评价（见图 2.16）。

在商品的整个行销环节中，包装起着终端的促销作用。能否被消费者放进购物车，商品包装十分关键。"冲动消费"是一种非理性的消费行为，通常萌发在消费现场。因此，注重商品促销时的展示效果，增大包装展示面，注意堆头的整体效果及附带 POP 等配合十分重要（见图 2.17）。

图 2.16
各种纯净水独具特色的包装

图 2.17
"绝对"伏特加酒包装 瑞典

3. 增加附加值

　　包装不仅要满足消费者的实际需求，也要满足消费者的精神需求。尤其是奢侈品及礼品的销售中，包装起着烘托商品价值、提升消费品位、引导消费的作用。如香水给人带来精神愉悦性质，常被视为身份、品位的象征，生产商往往在造型、工艺上做尽文章，以提高商品的品位和售价。一些食品包装通过趣味性、游戏性设计来吸引消费者，虽然价位不高，但通过扩大销量提高效益（见图 2.18）。还有一些商品的包装，重点在形象设计，致力于给人留下美好的印象，以期求得更为广阔的生存空间。由此可见，现代商业竞争中，商品包装是提升商品价值的重要载体。增加商品的附加值，还可以从降低成本、塑造企业形象和提升服务质量等多方面入手（见图 2.19）。

图 2.18
酒精能量饮料

图 2.19
DOSE 品牌汽水包装 匈牙利

图 2.20
葡萄酒包装

图 2.21
华贵纪梵希香水包装 法国

2.2.4 美化功能

　　建立在实用基础上的包装美化功能，由其自身的造型、图形、色彩、肌理等因素而构成，产生的美感往往能够左右消费者的抉择（见图 2.20、图 2.21、图 2.22、图 2.23）。

　　不同的时代、不同的地域、不同阶层和不同信仰的人群有着不同的审美习惯和趣味。在今天视觉文化背景下，包装已成为社会视觉环境的组成部分，体现了包装的视觉美对人们精神、文化诉求的关照。在推广、销售商品的过程中，每一个环节都离不开包装实用与审美功能的协调展示，同时也是商品包装的核心属性。设计师应对此有足够的认识和重视，做到善于利用视觉元素，通过组合、重构、创新等艺术方法，塑造商品的性格、品味和气质，从而充分发挥包装"美"的价值与意义。

图 2.22
图形化标签烈酒 巴西

图 2.23
上古蓝色高级威士忌 麦克道尔有限公司，UB 集团 印度

2.2.5 防伪功能

防伪功能是基于商品安全方面的考虑，用于防止商品被仿冒和伪造。防伪的主要手段有印刷防伪、材料防伪、结构防伪、电子防伪等。防伪手段的合理的运用将起到保护产品和商品生产商权益的作用，并能在一定程度上有效杜绝消费者的选择与购买失误。当今防伪技术、材料及手段的开发利用已成为一个新兴的行业。

1. 印刷防伪

印刷防伪是包装防伪手段中最常见的一种方式，采用特殊的印刷手段增加仿制难度，多用于钞票、证件和票据，以及包装的局部印刷。防伪印刷一般有凹版印刷、特殊油墨印刷、激光印刷、全息印刷等。随着科技的进步，有了防伪设计的专门软件，防伪印刷的方式也越来越多样化。

2. 结构防伪

为防止旧包装的再次使用，以破坏性的结构设计进行防伪的手段也被广为应用。如一些饮料瓶或药瓶在开启处通常采取一次性破损的设计，也有一些高档酒则采用蜡封、铅封、塑封或一次性破损的陶瓷盖等手段，同时一次性拆口及一次性破损标签也广泛应用于各类商品包装的封口（见图 2.24）。

图 2.24
奥淳酒包装 中国

3. 电子防伪

随着高科技及网络技术的进步，电子防伪作为一种新的技术近年来得到推广。电子防伪可通过防伪密码或防伪芯片来实现。防伪密码通常印刷于包装或商品说明书上，通过网络或电话的方式可进行防伪查询。而依附于包装之中的电子芯片则可通过电子扫描等手段来进行验证。

本章思考题

包装如何从材料上进行分类?

包装的基本功能体现在哪几个方面?

包装防伪技术应用的意义是什么?

第 3 章　流程与方法

教学安排

课程名称	《现代包装设计》三 —— 流程与方法
课程内容	包装设计的流程与前期准备，包括研究分析与深化设计，印前准备与案例分析。
教学目的 与要求	树立现代包装设计的过程意识，了解包装设计的基本程序，掌握包装设计计划的制订原则和方法，熟悉包装设计印前所应具备的技术条件与相关要求。
教学方式 与课时	讲授与讨论相结合，8 课时。
作业形式	根据课程内容，自选案例，完成一份包装设计计划书。
参考书目	劳光辉、李红霞编著. 版式设计 [M].长沙：中南大学出版社，2005 段纯编著. 包装印刷工艺 [M]. 北京：印刷工业出版社，2009 宋宝丰主编. 包装容器结构设计与制造 [M]. 北京：印刷工业出版社，2007

3.1 设计流程与前期准备

优秀的包装设计应该具有保护商品、便利使用、提升品牌形象、促进销售等功能。实现这些功能，设计师应遵循一定的程序。一般而言，一项包装设计任务从接受委托到设计、制作、完成，须经过"了解产品→了解企业→了解市场→了解消费群体→明确产品定位→制订设计策略→收集素材→提炼要素→确定表现方法→开展设计→印前准备→印制监控"等一系列过程，当然，根据每件产品的具体情况不同，在设计的环节上也会有所不同。

3.1.1 包装设计程序的基本内容

包装设计的整个程序大致可以分成四个阶段，即前期准备、设计阶段、印前准备和印制监控阶段。有些时候，还要对已经投放市场的新产品进行市场效果测评，用以检验包装设计是否达到了预期目标。以上每个阶段中又包含了若干环节，因此，认真做好每一个环节的工作，是确保一款新产品在市场上取得销售成功的必要条件。

有关设计流程的关键点：

· 根据市场研究报告制订各项战略目标；

· 了解该产品、品牌的各项长期战略目标；

· 对时间进行有效管理；

· 事先询问、调研相关问题；

· 分析该产品及该产品门类特征；

· 组织所有关键人员参与；

· 循序渐进开展设计工作；

· 确保重要信息元素醒目；

· 考虑生态环保要求；

· 优选材料和加工工艺；

· 始终关注目标人群；

· 对不同设计方案进行测评；

· 对生产进行规划；

· 为设计概念提供逻辑依据；

· 制造出完美设计模型。

设计师需要对设计程序有清晰的了解，从设计思路的产生变成实际的设计方案，再成为投入市场的设计实物，这期间需要经历一个细致和复杂的过程，而这一过程必然需要一套切实可行的方式方法（见图 3.1、图 3.2）。

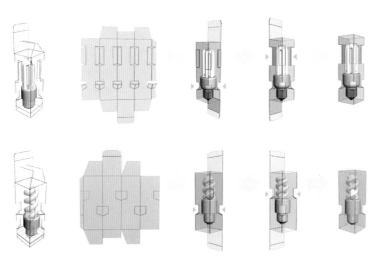

图 3.1
"好时"节能灯包装结构设计效果图

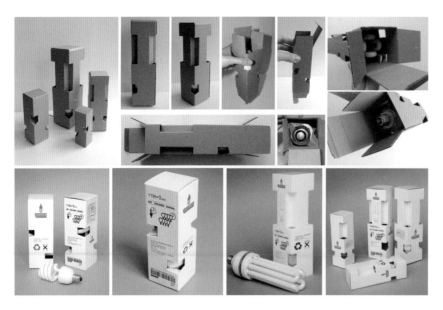

图 3.2
"好时"节能灯包装结构设计效果图

3.1.2 前期准备

1. 前期相互接触

客户在正式委托设计之前，通常会和设计方有一个彼此接触了解的过程。客户一般情况下会挑选几家设计公司进行设计能力、水平的比较。比较的方式有很多，最常用的是通过比稿的方式，从中选定一家为最终设计单位。这个阶段，设计师或设计团队要充分展示自己的实力，重在阐述对产品的理解和设计方面的见解。同时，有必要对客户的规模、实力、诚信、口碑等情况进行大致了解，来决定是否接受委托。

2. 了解企业意图

接受客户的委托，首先要通过与其有关人员沟通来了解客户意图。一个成熟的企业在市场上推出一款新产品时，一定有明确的市场诉求和市场策略。设计师在设计之前须通过沟通了解企业的真实想法和相关情况，包括产品的价位、档次、功能、特性、卖点，以及包装成本预算、目标市场、预计上市时间以及销售渠道等。此外，还有必要了解该产品与同一品牌下的其他产品的关系、与市场上其他同类产品的区别等。

3. 掌握企业情况

弄清客户意图，还需了解企业的有关信息，这些信息包括企业的历史文化、规模类型、经营理念、发展规划、行业地位、业界口碑，以及企业生产的产品在市场占有率、产品形象的整体风格特点等，这些因素都会对产品的包装设计形式与风格产生影响。

4. 明确产品信息

这个环节，要设法了解有关品牌及产品的背景，比如，是新的产品开发还是包装设计的更新？产品的特性、核心价值、可发掘的卖点以及相关的法律规定等。最重要的是找出产品最与众不同的特性，这个特性很有可能是该产品的核心价值和卖点，可能源于产品的价值功能，也可能源于产品的文化内涵。例如，防蛀牙膏、去头屑洗发水、功能饮料等产品均突出强调其独特的功效。而可口可乐、耐克、轩尼诗等产品却着力于对产品文化内涵的渲染，赋予产品一种独特的文化气质。另外，也有些产品强调其质量、价格、服务等因素。

5. 确定初期方案

以上几个环节是正式委托前双方彼此了解的一个过程，确定初期方案则要求受委托方尽量多地了解有关产品情况及委托方的市场意图。与此同时，企业也在观察受委托方的实力，判断其是否适合承接、做好这个项目。因此在正式委托合同签署之前，也就是设计工作开展之前，企业往往需要受委托方提交一份初期的提案，一般包括以下 10 个方面内容。

1）对产品的理解和阐述；

2）对市场的了解和判断；

3）创意、设计方向描述；

4）初期的设计方案说明；

5）过程环节与时间节点；

6）参与项目的成员介绍；

7）与客户联系沟通方式；

8）设计文件的提交方式；

9）需要客户配合的工作；

10）设计费用的预期报价。

3.2 研究分析与深化设计

进行包装设计，除了解企业需求以外，还应了解市场信息，倾听用户的使用需求。只有做好这些准备工作，包装设计才能有的放矢，更好地承载商品特色。

3.2.1 研究分析

1. 市场调查

市场调查的目的是收集、研究、分析数据和信息，往往在签署正式委托合同之后正式开始。因为这项工作需要一定的人力、经费投入，有时候，客户会为被委托方提供一份市场研究报告及产品策略报告，还有一种情况是设计公司与广告公司或营销策划公司共同合作来制作这些报告，如果客户没提供或也没与有相关公司配合，则需要设计公司补上这个环节的工作。总之，一份清晰阐述产品市场策略、营销目标的研究报告可以确保设计工作沿着一个正确的方向发展。设计之初所获得的与产品相关的信息越充分，最终的设计也就越符合甚至超越客户的期望值（见图 3.3~ 图 3.9）。

图 3.3　　　　　　　　　　图 3.4　　　　　　　　　　图 3.5

图 3.6

图 3.7

图 3.8

图 3.9

图 3.3 ~ 图 3.9
通信设备绿色包装

1）市场调查方式

市场调查的方式灵活多样（参见第 4 章）。对于包装设计师而言，得到来自专业调查公司或客户的市场调查资料，是研究产品及品牌的基础条件，也可以在此基础上进一步进行有一定针对性的市场调研，将之前获取的零散的信息逐步梳理、完善，形成专业化的认知，市场调研的方式主要分为以下4 种。

a. 面访问卷调查

因不同的产品针对不同的目标市场和目标人群，所以需要了解的信息也不同，面访问卷调查应根据每款产品的具体情况进行设计，问卷设计得越精准，对投放人群的针对性越强，回收信息的效率就越高。需要注意的是，问卷中问题的描述不宜过长，题量也不宜过多，以 5~10 个为佳，且尽量避免出现引导式提问，开放式的问题会更受欢迎。

b.电话访谈调查

电话访谈调查应事先根据目标人群有选择地拟订一个名单，然后逐一进行电话采访。但是，被访者往往会有一种排斥心理，除非是企业针对自己产品的固定消费人群或会员。这种方式需要注意的是，执行者需要一定的专业素养，所提的问题要以访谈对象容易接受的口吻和比较容易理解的措辞提出，而且电话访谈的时间不宜过长，并且避免涉及被访者的隐私及敏感话题。

c.互联网调查

互联网空间形成了许多虚拟社区，每个社区的成员都有一些共性特征，包括年龄、性别、文化程度、兴趣爱好、职业方向等。利用虚拟社区的这些特点，可以实现较为高效的市场调查。目前许多公司都在微信、微博平台上进行互联网调查，可以足不出户获取需要的信息，互联网调查传播量大，速度快，这是传统书面调查方式很难做到的。

d.小组访谈调查

有时因预算限制，一些项目很难进行大规模的市场调研，这种情况下设计单位可采取对周边熟悉的人群进行有针对性地小范围访谈，因为是面对面的交谈，获得信息的有效性反而会更高。需要注意的是，访谈内容尽量务实，问题尽量直接，时间不宜过长。

总之，在不违反法律法规和道德准则的前提下，应积极尝试和探讨获取有价值信息的调查方式与方法。

2）市场调查需要收集的信息

a.市场上同类产品信息：包括品牌、包装风格、价位、诉求点和零售终端摆放方式等。

b.消费人群信息：包括性别年龄、收入情况、文化背景、消费习惯、购买动机、审美趣向和价值取向等。

c.目标市场信息：包括销售渠道、营销方式、地域风俗和文化特征等。

2. 同类产品的比较分析

对同类产品进行比较分析，首先应分析市场上同类产品的优势、劣势及竞争力，并从中找出具有参考价值的东西。通常同一类产品在视觉表现上会存在共性特征，从中筛选出其成功案例及原因以供参考，有利于确定设计的思路和表现方式。了解同类产品包装的潮流，并始终关注产品被人感知的价值及成本，便是本阶段所应重点考虑的内容（见图 3.10）。

图 3.10
巧克力包装 美国

3. 产品自身分析

这个过程最重要的是找到产品的核心价值，对产品的功能优势和附加值进行预评估，判断哪一点是要在包装上突出表现的，同时也要考虑包装的可靠性和使用的便利性，以及在销售空间中的展示效果。在产品自身分析的过程中，还须确定哪一种包装材料最适合表达该产品的品质，同时还要尽可能考虑材料持续供给、回收利用、生物降解或再度使用的可能性。

4. 目标消费群体分析

今天消费取向的多元化趋向，促使市场不断细分，因此，在包装设计之初就要依据前期的市场调查对目标消费人群进行认真分析，依据对市场观察、专业实践和生活经验的积累而形成的认知进行综合判断（见图 3.11）。

图 3.11
巧克力水彩包装

图 3.12
野性森林香水　西班牙

图 3.13
Lattesso 咖啡 瑞士

不同的消费人群在选购同一类商品时，其选择的标准和心理需求存在差异。以饮料为例：老年人可能注重水的营养成分，喜欢传统、实惠的品牌；中年人比较注重水的品质，多选择知名度高的品牌；青少年注重产品的外观，偏爱新颖、富有激情活力的时尚品牌。同一人群在不同的场合选购同一类商品时，其选择标准也会不同。例如，通常家人或好友一起聚会，会选择质量较好但价格不是很高的中端品牌；而在商务宴请的场合多选择质量好、有知名度的高端品牌。因此设计师须准确找到消费者的诉求点，恰当地予以表达，这是确保包装设计成功的必要条件之一。

5. 明确产品定位

根据定位理论，每一个产品都有其与众不同的独特价值，以此形成与其他同类产品的区别，正是这些特有的价值对应着特定人群的特定需求。由此可见，产品的准确定位是决定市场成功与否的重要因素，定位的依据包含了产品的功能诉求、价值诉求、目标市场、目标人群、档次、价位等要素（见图 3.12~图 3.16）。

6. 初步设计

1）收集素材

进行包装设计，首先要围绕已经确定的设计方向收集素材和参考资料，一是包装设计需要使用的视觉元素素材；二是在设计中可以作为参考的相关资料。这些资料可以作为设计的基本依据。资料越丰富，越便于设计师开阔视野、扩展思路，从而促进创意的

图 3.14
可口可乐金属罐装包装 美国

图 3.15
可口可乐金属瓶装包装
美国

图 3.16
可口可乐玻璃瓶装包装 美国

形成和设计的顺利进行。资料的收集包括容器造型、材质、品牌标志、产品名称、字体、图形、图片、色彩配置等内容。

2）创意构思

　　创意决定方向，构思确定方案。创意与构思源于前期的相关调查和分析，需要发散式思维，探讨多种可能性，凝练成富有创新性的观点和思路。

　　在整个设计过程中，创意构思是非常重要的环节，项目小组成员应展开充分讨论。可采用"头脑风暴"的形式，不仅是为了集思广益，有时大家彼此间一个不经意的念头都有可能激发出灵感，借此推导出符合目标的点子。

　　构思阶段，要认真听取多方意见，注重他人的感受与评价，始终站在消费者角度，从他们的感受出发，体会他们的需求。只有这样，设计出来的产品才有可能被目标受众认同。构思期间，时常会有思维停滞、想法枯竭的时候，为了打破僵局，可以通过更换环境、散步、欣赏音乐等方式调节，并将随时闪现出来的点子记录下来。

7. 设计初稿

1）设计概念与策略

设计概念与策略相辅相成，不可分割。概念的产生通常建立在对大量数据及现象的比较分析之上，是以视觉为主要手段实施创意构思的重要方法和途径。策略主要是指形成一个完整设计概念的逻辑基础，制定策略的角度不同，实现设计概念的方向也不同。对于每一种可能的设计策略方向，都应进行深入的探讨，目的是最终形成清晰、有效的视觉传达方式。

2）视觉元素设计草图

在正式开始设计之前，一般应首先绘制草图，将初步的想法、概念和表现元素编排视觉化。草图最好遵照实际尺寸比例，反映出实际要求。草图的内容包含视觉元素和整体形式，不需要特别精确的细节，但有必要绘出基本的意图和形态，以便于下一步深化设计。

3）版式编排草图

在此过程中，要对各种创意和设计概念进行更加细致和深入的思考，同时要尽量保持最初的感觉。在编排初稿中，应大致体现包装设计中包含的各种视觉元素，以及各元素之间的搭配组合，避免过于细致琐碎，给后期的设计开发留出足够的空间。

与此同时，设计初稿阶段，应围绕收集的图形、字体等元素资料进行分析研究，尽可能多的提出多种设计概念和方案，这有利于最佳方案的形成。关键在于，要重点关注市场同类产品及竞争对象所拟订的营销目标（见图 3.17、图 3.18）。

图 3.17
MOMEN 食品包装图形设计　埃及

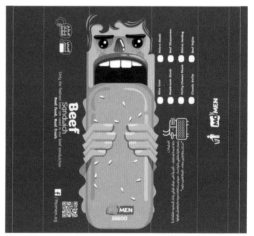

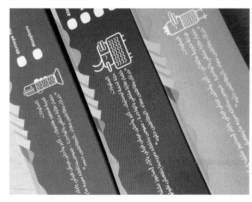

图 3.18
MOMEN 食品包装　埃及

4）视觉层次控制

　　包装中各种视觉信息通过设计编排会产生一定的阅读顺序，应与信息内容的主次一致，以保证主要信息首先映入消费者眼帘，如品牌名称、产品名称、产品的特性等。不同视觉元素的形状、颜色、位置、比例关系等都会影响到消费者的阅读顺序，进而影响读者对这些信息的理解和判断。所以，在设计中要对各种信息的重要程度进行认真甄别，依据分析的结果进行编排，并反复检查校对检查（见图 3.19、图 3.20）。

　　进行系列包装设计，通常采用的做法是，在保持包装信息层次统一的同时，采用不同的图形、文字、色彩等视觉元素来区分不同的包装内容（见图 3.21、图 3.22）。如果消费者不能清晰辨别产品的差异，就会造成选择的障碍，直接影响产品销售。

图 3.19
伍德咖啡包装　美国

图 3.20
牛奶包装　俄罗斯

图 3.21
防光照牛奶包装 澳大利亚

图 3.22
灵感来自高迪 西班牙

5）设计初稿的评价

当各种设计诉求的初步设计方案完成之后，需要根据之前制订的市场定位和设计策略进行评价，目的是通过优胜劣汰选出其中最有发展潜力的方案，并提出进一步深化建议。

评价方式通常采取把不同设计方案贴在墙面上，挑拣出那些能够引起注意和相对满意的方案。此外还可对视觉表现元素的使用及它们之间的关系进行评价。这一过程中，须注意对不同的设计概念和设计的形势与风格进行深入讨论，重点在于如何通过设计有效地获取最佳效果，如何在原有的基础上进一步加以优化和改进，目的是去粗取精，去伪存真。

3.2.2 深化设计

1. 深入调整

深化调整是指参考评价建议对挑选出的设计方案，就创意方向和设计概念进一步深入和完善。调整时往往需多次反复，包括修改包装主要展示面上的所有视觉元素和材料工艺的合理使用等，对包装的整体风格和特点进行强化。同时完善包装不同展示面，如盖面、底面、背面设计。产品名称和说明文字，以及相关法律法规要求都应在考量的范畴内。

2. 规范文字

包装中出现的文字是商品的介绍和诠释，须符合文字书写规范和要求，并方便受众的阅读和认知。例如，标示商品重量的文字要置放在包装的正面或是主要展示面的下半部，在国家食品药品监督管理总局发布的《包装和标贴指导原则》中，明确列出了字体及尺寸（见本书第 9 章）。需要注意的是文字的形态、大小、色彩及置放的位置应与包装的整体风格协调和统一，并在设计中应与其他表现元素相同对待。

图 3.23
包装石膏模型制作

3. 制作打样

制作与包装实物一比一的模型，是为了通过这种方式来检验包装设计的最终效果。这种方式也可以用在设计过程中的任何一个阶段。打样所反映出的问题，是最终完善的依据（见图 3.23）。由于打样提供了一种接近真实的实际效果，所以常常会被用于消费者调查，以及产品的广告、电视宣传和促销材料中，并也可在销售洽谈和商贸展会上展示。

4. 检验传播效果

马尔科姆·拉莱德威尔（Malcolm Gladwell）在《眨眼之间》一书中指出，只需要两秒钟时间，消费者就能够在零售商店中进行初步的辨识和判断，并且能够迅速地做出决定。

检验包装的传播效果，将有助于了解不同设计元素的作用，并由此展开对销售环境与目标市场的测试，以及对特殊消费群体的调查。其意义体现在以下三个方面：了解产品在与同类产品竞争中的优势、劣势；寻求新的创意和新的解决途径；了解消费者对产品的回应。

5. 完善终稿

设计终稿的最后确定，是在不断斟酌、修改、完善的前提下完成的。如图 3.24 所示，除了对包装设计上所有出现的文字进行必要的检查外，还应对涉及法律方面的各个因素进行仔细核对，应站在一个旁观者的角度进行更为客观的品评，看其是否能够并且清晰有效地传达出设计的诉求。研究表明，消费者接触过的产品中，约有 85% 的产品被其购买。正如 Sterling Brand 公司的首席创意执行总裁马库斯·休伊特（Marcus Hewitt）所言："我们谈到'手中的品牌'——当消费者被吸引到某个品牌旗下的一系列产品面前时，我们希望他能够拿起其中一件。这样就会产生一种更为亲密的联系，而此时，包装设计应该通过更多巧妙方式传达出它的价值。"

设计模型得到客户认同，为设计终稿的确定提供了有力支撑，他们及相关人员的建议为终稿的完善提供了进一步提升的空间，因此设计终稿的完善是一个进一步完成的过程，并需要各相关方面的通力协作。

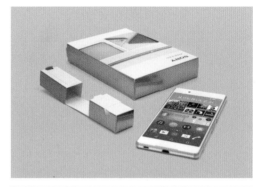

图 3.24
SONY XperiaZ3 手机包装　日本

3.3 印前准备

在包装设计方案最终确定以后,设计师需要制作出完整的电子文件,印制的工作也将被移交给专门负责生产的部门(参看第 6 章材料与工艺)。设计师最后的任务是参与印刷打样的审核和监控,以及对加工制作方面的监控(见图 3.25 ~ 图 3.27)。印前准备包括准备印前文件和准备生产清单两部分。

3.3.1 准备印前文件

印前文件的准备应注意以下方面。

· 确认文档中的图像文件精度,一般图片的分辨率应在 300 像素 / 英寸 ~350 像素 / 英寸之间;

· 将各种印刷字体文字转成矢量格式(即"转曲");

· 把原有的 RGB 色彩模式转为 CMYK 色彩模式。如 Pantone 专色转换为 CMYK 颜色后,需要确认印刷是否达到同样效果,不能的话,可采用专色解决;

· 检查是否设置好 3 毫米宽的出血位;

· 校对菲林、打样、印刷品及电脑屏幕的色差,以认可的印刷打样为准进行校对。

3.3.2 准备生产清单

当我们为印刷、加工制作准备所需材料时，应提供以下内容：

· 有关材料方面的说明要求及样品；

· 有关工艺方面的说明要求及样品；

· 印刷打样文件（或数码打样）；

· 符合印刷要求的电子文件（或菲林）；

· 色彩的规格要求（尤其是专色的色样）；

· 包装形态的模切要求等。

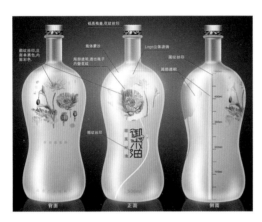

图 3.25
"御米油"包装瓶工艺图

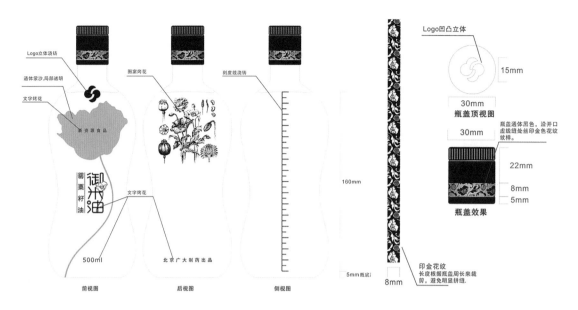

图 3.26
"御米油"包装瓶工艺图

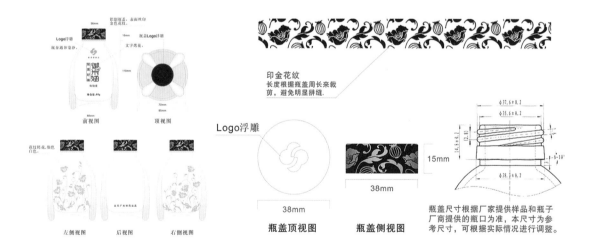

图 3.27
"御米油"罂粟籽油胶囊包装瓶工艺图

本章思考题

商品包装设计流程重点在哪几个方面?

制订包装设计计划的作用是什么?

前期准备阶段需要注意哪些方面的问题?

第 4 章　调研与分析

教学安排

课程名称	《现代包装设计》四 —— 调研与分析
课程内容	市场调研的程序与方法，市场定位分析。
教学目的 与要求	了解国内外市场需求、商品流通方式和消费发展趋势，掌握市场调研、市场定位的基本程序与分析方法，了解市场调研在包装设计中的作用与意义。
教学方式 与课时	讲授与调研和讨论相结合，讲授 4 课时；市场调研 8 课时（不含课外课时）。
作业形式	根据课程内容，自选案例，完成一份调研报告。
参考书目	［美］菲利普·科特勒著.营销管理（第14 版）[M].王永贵等译.北京：中国人民大学出版社，2012 ［美］穆恩著.哈佛最受欢迎的营销课 [M].王旭译.北京：中信出版社，2012 ［美］格拉德威尔著.引爆点：如何制造流行 [M].钱清、覃爱冬译.北京：中信出版社，2009

4.1 市场调研的程序与方法

制订包装设计计划，首先要进行市场调研，目的是了解、分析市场和目标消费者，以及同类产品的相关信息等，从而有效确立包装设计的策略与目标。

4.1.1 角色与作用

市场调研亦称市场研究或营销调查，具有收集、记录、分析数据资料，反映企业商品、品牌、服务在市场中与消费者关系的职能。市场调研不仅是营销分析的工具，也是商品包装设计过程中的组成部分。一方面，调研的深入程度有助于企业与设计师掌握市场动态和消费者需求，也可为设计师提供关于包装设计定位、创意及实践的依据和参照。另一方面，市场调研可以为商品及商品包装设计提供进一步调整、优化的依据（见图 4.1、图 4.2）。

图 4.1
Vizio M2.1 扬声器 美国

图 4.2
宁夏红第一代传奇枸杞酒 中国

4.1.2 内容及资料来源

1. 主要内容

针对商品包装设计的市场调研主要有以下 4 个方面：商品销售环境调研、商品包装调研、商品自身状况调研、目标消费群体调研等（见图 4.3、图 4.4 和图 4.5）。

商品销售环境调研：了解商品的市场营销环境，从宏观和微观角度，调查经济环境、地域环境和商品的竞争环境，以及商品运输流程、陈列销售等方面的内容。

商品包装设计调研：从原有包装的设计创意、形式、材料、制作等角度，了解市场与消费者对其情况的反应。同时还须了解同类商品的包装，并对其优劣进行分析。

商品自身状况调研：了解商品自身的特点与市场状况，从商品的个性特征、市场需求、营销情况和品牌印象等角度，了解商品目前在市场中的状况及趋向。

目标消费群体调研：了解商品目标消费群体的消费观念、消费行为和消费心理特征，调查目标消费群体在接触包装时的行为特征。

上述调研内容要根据自身需求加以筛选，并根据商品特性选择相应的调研方法。调查过程中须做到目标明确，内容针对性强，计划具有可操作性，并严格控制实施过程。

图 4.3
Horlicks
青少年大象形罐
印度

图 4.4
易开启水泥袋
奥地利

图 4.5
内含方便勺半圆形两空间分装注塑容器
丹麦

图 4.6
高档亚麻织品包装

图 4.7
一号便储威士忌
麦克道威尔有限公司
印度

2. 市场调研信息来源

市场调研的信息，主要来源于客户、政府机构、行业协会、各类媒体，以及调研公司的资料数据。

首先应选用客户所提供的资料和数据。但是，由于某些主观原因，客户提供的信息资料不够客观、全面，此时应注意甄选，在对相关调研数据认真汇总、分析的基础上综合使用。

同时，从政府机构、行业协会和大众媒体得来的相关资料、数据，也是市场调研信息的重要来源。如政府和各省市统计部门发布的统计报告、行业协会就本行业情况和发展动态提出的统计数据、媒体围绕具有新闻价值的实地调研和综合报道等，其权威性、可靠性和实效性，对把握客户所在行业的前沿动向、发展趋势以及综合分析客户所处的行业位置，都有着重要的辅助作用。

调研公司的数据和资料，可分为两种类型：一种是通过查阅调研公司公开发布的各类调研资料信息而获得与客户相关的信息；另一种是通过委托具有市场调查资格和经验的专业调查公司，获得的第一手资料。

来源于市场调研的信息资料，对于形成全面、客观的市场认识有着非常重要的意义。设计师在此基础上可以更为全面、精准地进行商品包装设计（见图 4.6、图 4.7）。

4.1.3 调研程序

市场调研的程序一般经过确立目标、制订方案、实地调研、总结分析和报告撰写五个阶段。

1. 确立目标

实施市场调研，首先应明确调研的目标。市场调研目标一定要针对所服务的具体商品或品牌给出可量化、操作的标准。一般来说，应建立在对以下问题的思考之上。

（1）为何调研？（调研目标清晰）

（2）调研什么？（调研内容明确）

（3）怎么调研？（调研方法科学）

（4）结果如何？（调研结果实用）

2. 制订方案

拟订调研方案是一项严谨的系统工程，须根据已定的调研目标制订出认识统一、方法统一、进程统一的具体执行方案。市场调研方法应具备全局意识和前瞻性，既要对方案执行的环节通盘考虑，也要对调研时可能出现的问题预先安排。因此，制订调研方案，第一要明确调研时间、调研地点、调研人员、抽样方法、调查样本、调查进度安排，以及相应的调研费用预算；第二要列出翔实的、可操作性强的调研步骤；第三要对调研时可能出现的问题制订出调整和替代预案。

3. 实地调研

实地调研是获取第一手数据信息的重要环节，通常应当以调研方案为依据开展调研活动。当然，在调研过程中往往会遇到一些不可预测的情况，比如样本出现偏差、配额数据不够、调研环境改变等。如果实地调研超过了调研方案的范畴，一定要与调研负责人沟通，及时调整调研方案，确保调研目标的顺利实现。

4.　整理分析

调研活动结束后，应尽快对数据资料进行汇总、筛查和分析。数据汇总需要列出关键变量加以分门别类的梳理；数据筛查是对已经分门别类整理的数据资料再次进行校对和审核，去掉重复数据、错误数据和误差较大的数据；最后，采用 SPSS、SAS、Stata、Excel 等统计软件对数据资料进行统计分析，生成有关数据表格，并制作图表。

5.　报告撰写

撰写调研报告是市场调研的最后任务，也是体现调研成果的关键，是提供商品包装设计创意决策的重要依据。一般而言，市场调研报告包括序言、正文、结论、附录等部分。序言又称引言，用简练的文字介绍调查目的、主要内容、抽样技术、执行情况、分析技术等，为正文的描述做前期铺垫。正文是调研报告的主体，需要对调研得来的一手数据和整理的二手资料进行分析和阐述，通常按照"分析数据、发现问题、给出建议"进行。结论是整个调研报告的重点，简明扼要地阐释在调研过程中发现的问题，以及如何解决的建议。尽量以条目、图表罗列，以方便阅读。附录一般指本次调研活动的组织单位名称、调研分工、统计图表、原始数据、参考资料和版权声明等内容。

4.1.4　调研方法

市场调研的方法很多，大致可以分为定性和定量两类。定性的市场调研以观察、陈述和经验分析为主，主要解决"为什么"的问题；定量的市场调研以实验、问卷为主，主要解决"是什么"的问题。两种方法体系在一定层面上可以混合使用，以增强市场调研的可信度和有效度。对于包装设计师而言，针对包装设计的特点，通过定性、定量等多种方式进行调研，需要深入销售第一线直接了解商品的销售情况、消费者的购买反应、商品的陈列方式，以及商品包装与销售环境的关系；也可以采用小组访谈、问卷调研的方式进行信息资料、数据的采集。常用的调研方法包括以下 4 种。

1.　观察调研法

观察调研法是指调研人员以客观的态度获得一手资料的方法。内容有参与观察法、旁观观察法、长期跟踪法、短期跟踪法等。调研人员运用观察技巧，置身销售现场对消费者的购买行为、商品的包装与陈列情况、同类商品市场表现展开调研和记录，同时还须对消费者使用商品的状态进行观察。既可由人工完成，也可通过设备采集。

观察调研法因其直观性的特点，使调研结果更为真实和客观。但由于这种调研法基本上是调研者的单方面活动，无法细致了解消费者的动机、态度、情感，以及消费者选购行为中的随意性等。因此，观察人员必须坚持客观、公正、实事求是的调研态度，并能时刻关注调研对象的动态变化，调研过程中尽量不被观察者察觉。在条件允许的情况下，用设备补充或替代人员观察，可以保证获得的数据更为准确、可靠。

2. 访谈调研法

访谈调研法是市场调研中常用的一种方法，通过与被调研者的访谈，可以得到更为实际、具体的信息，这些信息与消费者的购买态度、行为、方式有直接关联，可以帮助设计师更好地了解市场需求的细微变化。访谈调研法以小组访谈或个人深度访谈的方式了解消费者对于商品包装的不同认知、个性偏好和心理诉求，以及对不同商品包的反应，是对观察调研的深度补充和丰富。

3. 定量调研

定量调研是市场调研中最为广泛使用的方法。经常使用面访、电话采访、邮寄问卷等方式，而且要有一定的数量和代表性。定量调研通过对样本的调研结果所获取的数据进行整理、分析，进而推测，并从中得出调研结论。近年来随着互联网的发展，网上调研的方式被广泛采用，这种做法节约了调研的时间与费用。

有效的调研问卷是实现市场调研目标的重要依据。围绕调研目标和主题，在制订调研问卷时，应考虑以下因素。

首先应该明确体现出调研的主要目标，问卷中避免出现过于复杂、晦涩的问题，使应答者无所适从。因此，可以利用简短的引言或概述，说明本次调研的目的、目标，对应答者的思路加以引导。

其次应当注重问题排列的顺序和节奏，将一些容易回答的问题排在前面，逐步深入加大难度，使应答者能够在较为轻松回答问题的同时，逐步进入状态。同时，在设计调研问卷时，避免过于跳跃性和不合逻辑的次序排列。

另外，设计问卷所用到的语言，要特别注意适用于所选定的应答者的群体特征，注重语言表达的简洁及趣味性和逻辑性，力求方便被应答者的正确理解，并有兴趣顺利答完。需要注意的是，不要在问卷中触及应答者的隐私，造成应答者反感，或有意诱导，导致问卷回答得文不对题。

4．实验调研

实验调研是在限定的条件下，采用小规模、随机分组的对比实验来分析用户和市场反馈的方法。它包括统计调研、抽样调研、跟踪调研、样品调研、对比调研、资料分析等 6 种方法。实验调研是以测试的方式帮助企业对新商品的包装与销售，以及市场做出恰当的决策，从而为商品包装的适时调整提供有价值的参考。对于新推出的商品包装，可制成少量样品试售，并进行跟踪调研、测试市场反应，从而判断包装设计策略是否正确。

随着调研手段和工具的更新，调研方法也得到不断地完善。如利用计算机辅助选择调研对象、处理数据、分析调研结果；又如随着技术的进步，可以借助科学仪器，如测谎仪、眼动仪等，帮助调查者获得更加全面、丰富的资料。

需要注意的是，以上列举的调研方法并不是相对孤立的，科学搭配、合理选择是实际调研运作中的基本原则，调研人员可以根据调研目的和调研内容，混合、交叉、灵活设计调研方法，目的是确保调研结论的准确、全面、合理与有效。

4.1.5 调研内容分析

针对商品包装设计的市场调研内容的分析一般包括以下 5 个方面。

1．对目标市场的分析

明确目标市场是制订商品包装设计计划的前提，目的在于了解消费者共性、个性特征和需求的差异。对目标市场的分析包括了解、判断目标消费者的性别、年龄、兴趣爱好、受教育程度、社会身份等，还包括了解消费者欲求与商品、包装存在的问题，以及对商品包装的期待值等信息（见图 4.8、图 4.9）。总之，应站在客观的立场上进行分析与判断。

图 4.8
百事饮料包装 美国

图 4.9
针对百事饮料的目标受众（16 岁男性群体），调查他们所喜爱的视觉元素

2. 对商品、包装的分析

要设计出能够得到消费者认可和喜爱的商品包装，需要对商品有全面深入的了解，包括对商品外观、形态、功能、材料、质量、价格、档次，以及使用方法、保养维护、适用人群和市场销售状况等的了解，尤其需要熟知商品特征、优势劣势，从中提炼出商品的基本诉求点。在条件允许的情况下，设计师应亲自体验商品的使用过程，形成对商品的直接认知。

3. 对竞争对手的分析

进行商品包装设计时，设计师需要了解竞争对手的商品包装与市场反馈情况，注重收集分析国内外优秀案例，尤其需要针对市场上同类商品包装的优势进行研究，以有利于提出有别于竞争对手的、具有前瞻性和自身特点的创意、设计思路。

4. 对包装设计要素的分析

从视觉传播的角度，商品包装设计要围绕现有包装的视觉元素如图形、文字、色彩等展开，重点考察赢得消费者喜爱的包装图形、色彩、样式和风格等。如中式与西式，时尚与复古、抽象与具象等。在造型结构方面，需要分析其是否能满足商品的运输、储存、保护、陈列等要求。除此之外，还应充分考察包装的材料、工艺的加工方式，并注意当前社会文化形态、审美取向和流行趋势的影响。

5.　对销售方式的分析

商品及包装最终要与消费者展开面对面的交流，因此销售方式的不同在一定程度上影响着包装的设计的传播效果，这就需要设计师充分了解商品的销售环境、促销手段等，并根据商品特点考虑具体的销售方式，如入超市销售、专柜销售、电视销售、网络销售等，尤其需要重点了解同一类商品以同一种销售方式进行售卖的情况。同时，还须注意分析销售地域的气候、生活习俗及文化禁忌等问题（见图 4.10）。

只有通过以上科学、严谨的市场调研分析，设计师才能对设计对象、设计内容和设计范围有较为全面的了解和认识，由此形成客观、全面、准确的调研结论，为下一步的商品包装设计奠定坚实的基础，创造有利的条件。

图 4.10
香皂包装设计

4.2 市场定位分析

市场调研是围绕寻找创意"点"而进行的,最终确定商品包装设计的理念,还需要在市场调研报告的基础上形成行之有效的设计定位。

美国营销学家艾·里斯和杰克·特劳特在 20 世纪 80 年代出版的《定位》一书中提出了"定位"观念,后经菲利浦·科特勒的进一步阐述,逐步成为现代企业市场营销的重要理论之一。"定位"(Positioning)是通过一系列科学的市场竞争评估和消费者分析,通过商品设计和品牌形象传播等手段,确立本企业或商品在消费者头脑中的独特位置。定位策略的过程,其实质在于深刻把握消费者需求,树立企业或商品在营销竞争环节的独特性,从而影响消费者的认知态度,最终实现商品销量的提升,使企业在竞争中处于优势地位。商品包装设计的定位可从商品、品牌、消费者三个方面展开。

4.2.1 商品定位

商品定位是根据商品本身特质,在与同类商品的比较中,凸显自身个性与特征的手段,目的是使消费者形成对商品明确、清晰的了解和认同(见图 4.11)。例如,某些具有地方特色的商品,其包装设计就应注重突出其地域文化特色。还如保健品的包装设计应凸显其商品的功能、成分和形象,方便消费者选择。

图 4.11
食品包装 巴西

商品定位可从以下三个方面着手。

(1)商品品质:如商品的属性、类别、产地、性能和功效等。

(2)商品文化属性:如商品的历史,口碑、地域特色等。

(3)商品档次:如属于高、中、低档的哪一类。

此外,还可以借助商品包装的材料、工艺等方面树立商品包装的个性。

4.2.2 品牌定位

品牌定位是以突出商品品牌形象为目的的手段(见图 4.12、图 4.13)。在现代市场竞争中,塑造品牌形象、树立品牌个性、加强品牌认知、增强品牌效益、

图 4.12
COEDO 啤酒包装　日本

图 4.13
酒品包装　美国

延续品牌魅力已成为企业营销的重点。对于企业而言，商品包装设计的品牌个性强化是十分重要的。

1. 品牌色彩定位

色彩往往给人以强烈的视觉印象，是品牌差异的最佳表达方式之一，如可口可乐包装的红色，应用于其系列包装上，与其竞争对手的商品包装形成鲜明对比。

2. 品牌图形定位

品牌图形包括品牌的核心图形、吉祥物、辅助图形等，在包装设计中保证图形、色彩和风格的统一，有利于品牌形象的识别和认知。例如，可口可乐包装上的"曲线"，成为了该品牌的标志性符号。

3. 品牌字体定位

品牌字体以其易识、可读的优势，成为消费者选择商品的标识，如麦当劳的"M""SONY"等，使人一目了然，成为品牌的象征和个性形象。

4.2.3 消费者定位

定位理论的核心是围绕消费者的需求而展开的，只有根据目标消费者的特点进行定位，才能体现设计的针对性。一般可以从消费者的年龄、性别、收入、职业、文化程度，以及喜好、消费习惯等方面进行目标消费群划分。例如，化妆品，既可以根据消费者性别划分，也可以根据消费者的皮肤特点划分，还可以结合消费者的年龄特征进行区分（见图4.14）。

图 4.14
日用防晒霜护肤系列包装 日本

4.2.4 竞争对手定位

在激烈的市场竞争中，为占有一席之地，商品在与竞争对手的较量中确立自己的独特个性。在商品包装设计中，可以从以下几方面形成与竞争对手之间的差异，包括图形、色彩、文字、造型、结构等。例如，七喜可乐就反复强调"非可乐"的特点，并以醒目的绿色、个性的卡通形象与同类型的其他商品形成鲜明对比，在差异化中不断强调自身商特色。

4.2.5 销售方式定位

商品销售之前要确定销售方式，充分考虑内外销、淡旺季、销售地，以及流通方式和陈列方式等问题，由此决定设计的创意策略（见图4.15、图4.16）。例如，在口香糖的包装设计中，考虑到消费者大都是在收银处选购，因此通常采用五条装的小包装，以方便消费者的取拿。还有许多商品包装兼具悬挂功能，较好地适应了超市自助式的销售方式。

以上列举的商品包装设计定位方法既可单独运用，也可相互搭配。但在具体策划时，应须考虑好它们之间的主次关系，如处理不当会造成信息传达的盲目和模糊不清。定位需要立足从市场出发，明确商品营销战略方向，并结合时代潮流和消费趋势，以目标消费者需求为依据进行商品的包装设计，从而做到有的放矢。

图 4.15
化妆品包装　德国

图 4.16
糖果零食　乌克兰

本章思考题

市场调查在包装设计中的作用与意义是什么?

市场调查的基本程序及方法是什么?

包装设计定位重点应注重哪些方面?

第 5 章　策略与创意

教学安排

课程名称	《现代包装设计》五 —— 策略与创意
课程内容	包装设计的策略及包装设计创意。
教学目的 与要求	掌握制订包装设计策略的原则与方法，以及包装设计的创意思维与方法，熟悉包装设计的创意评价内容及方式，认识到当今包装设计在整体商业营销活动中的角色和意义。
教学方式 与课时	讲授与讨论相结合，讲授 4 课时；作业 4 课时（不含课外课时）。
作业形式	根据课程内容，撰写一篇 1000 字左右的学习体会。
参考书目	[美] 哈里森著 . 怎样出售设计创意 [M]. 余晓诗译 . 上海：上海人民美术出版社，2011 [美] 美国专业设计协会编著 . 设计，还是不设计 [M]. 天津：天津大学出版社，2010 [韩] 文灿著 . 与众不同的设计思考术 [M]. 武传海译 . 北京：电子工业出版社，2012

5.1 包装设计策略

商品包装设计策略是建立在市场调研与分析基础上的，策略正确与否决定了整个包装设计的优劣。要实现设计的创新，设计师需要依据设计的原则，结合企业市场营销计划，运用创造性思维，拟订具体的、切实可行的包装设计策略。

5.1.1 以商品诉求为中心的设计策略

1. 直观策略

设计策略是为取得竞争优势制订的，需要首先找出商品自身的优势和特质，如精美制作的点心、晶莹剔透的蜜钱、色彩缤纷巧克力豆等，自身美感形成的特点，无疑成就了其赏心悦目的视觉效果（见图 5.1、图 5.2）。因此，对于此类本身就极具特色的商品，在包装设计中可以采用开窗、镂空等形式，

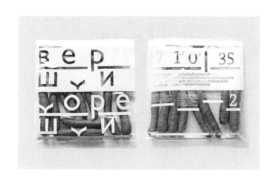

图 5.1
绿色蔬菜包装设计 俄罗斯

图 5.2
家乐福新鲜意大利面包装 法国

或采用直观、醒目的商品摄影图片直接展示商品形象。这也是商品包装设计中最常用的手法之一。

2. 理性策略

面对市场琳琅满目的商品，消费者希望真实的信息帮助自己决策，因此权威性的认证等标注，就迎合了消费者的诉求。因此，需要在指导下才能正确使用的商品，如药品、保健品等，在进行包装设计时可采用理性策略，以详细的说明文字、图表、使用过程图等，向消费者介绍该商品的功能、成分、品质、特点，通过商品包装给人以质高、合法、善意的印象。

3. "更新"策略

商品包装设计应顺应消费者逐新的追求，实验表明：在包装中印上"NEW""新"等标记，往往会激发消费者的好奇心。许多具有悠久历史的品牌无一例外地都会根据时代审美趋向、技术材料变化等，通过有意识、有计划地做出形象调整，并以此作为自身的市场营销策略。例如，著名的"依云"矿泉水，每逢新年就会邀请著名设计师来设计本年度的限量版包装，以此方式塑造更为鲜明而具时尚气息的品牌形象（见图5.3、图5.4）。尤其面对商品销售业绩不佳时，利用更新的策略使商品重新焕发生机，配合公关等活动重新赢得市场。

图5.3
依云矿泉水与三宅一生合作的限量版包装 法国

图5.4
与让·保罗·戈蒂耶合作的限量版依云矿泉水包装 法国

图 5.5
棕榈油包装

图 5.6
巧克力包装浓郁的巴黎风情

图 5.7
野生水果酵素包装

5.1.2 以文化诉求为中心的设计策略

1. 突出地域特色策略

随着人们生活水平的不断提高，消费者越来越看重包装设计所蕴含的文化内涵。许多地方特色商品，多以其风土人情符号作为宣传重点，在包装设计中借助典型的地域性图形、文字、色彩、材料等表现元素强调商品特色，以提高产品的认知度（见图 5.5、图 5.6）。例如，北京特产"蜜钱果脯"，其包装设计就采用了选择京剧、名胜古迹、地标建筑等视觉元素来体现浓郁的北京地域特色。

2. 彰显传统文化策略

传统民族文化是一个民族宝贵的物质与精神财富，长期形成的丰富的视觉元素已成为民族的视觉符号，体现了一个民族固有的特质，书法、皮影、剪纸、年画等中国传统艺术形式，因其鲜明的本土文化特色至今依然受到人们的青睐。利用传统符号作为表现元素，不仅能够体现情感的寄托和特殊商品的需求，还可以体现传统文化的价值至和意义。月饼、酒、茶叶等富有中国特色的商品，包装的色彩、图案、文字、材料等融入传统元素与风格，多是为了彰显自身的文化，从而引发消费者的身份共鸣，以及不同民族消费者的认知（见图 5.7）。

3．契合流行时尚策略

一种流行和时尚，不仅反映了社会文化的动向和潮流，同时，在某种程度上反映了当时的消费价值取向。它对于人们的生活与消费有着重要的引导作用（见图5.8）。在商品购销环节中，流行元素既可表现在图形、文字、色彩、编排、结构、材料等视觉层面，又可体现为某种流行观念或话语、行为的层面，两者往往相互交融、互为补充，共同营造顺应时尚潮流的流行包装样式。

图 5.8
咖啡饮料外带包装 墨西哥

5.1.3 以消费者为中心的设计策略

1．人性化策略

设计的根本目的是为人服务，满足消费者的功能和心理诉求，协调人与技术的关系，提升人的生活品质。作为与消费者发生直接联系的商品包装，在设计过程中应根据人的生理需求和情感需求进行发掘、整合和优化，体现在与人的行为相关的方方面面。例如，包装的提手、拉环、封口等设计，应考虑到消费者携带、开启、储存等。依云矿泉水的环形瓶盖，可悬挂在背包上，就非常适合人在户外活动时使用（见图5.9）。亨氏调味品包装采用挤压式，方便了消费者单手使用（见图5.10）。

图 5.9
依云矿泉水包装方便时尚的挂钩设计 法国

图 5.10
亨氏调味料包装 荷兰

人性化策略还体现在对消费者的情感关怀，透过设计引发人的心理体验。调查表明，情感表达有助于增强记忆，能够提供商品特征、引导选择和激发消费者的购买动机。因此，包装设计中塑造能够引发消费者情感共鸣的视觉形象，更容易使消费者产生购买欲望。如儿童食品的包装设计多使用活泼可爱的拟人化卡通形象，来迎合儿童的生理特点和心理需求。

2. 分众策略

由于消费者在性别、年龄、职业、收入、文化程度等方面的差异，购买商品时会有不同的动机和需求，因此在包装设计中要建立分众性策略。一般情况下，设计定位时应根据目标受众的特征设定高、中、低档和精装、简装等不同包装档次。对于低收入的消费者，包装设计需要考虑降低成本，经济实惠；而对于高收入、文化程度较高的消费者，包装设计则须考虑精美考究、制作精细和品味营造。尤其在市场竞争激烈的情况下，一家企业如果要占领不同消费人群市场，应该规根据目标受众合理区分档次，做到科学规划。

3. 趣味化策略

图 5.11
"城堡"糖果包装 希腊

随着人们生活节奏的加快，趣味性的商品与包装形式能让人会心一笑，形成消费者与商品之间的良性互动（见图 5.11）。趣味化策略是根据商品不同特点采取不同表现形式，可以是一种图形、一种形态结构，也可以是一个故事、游戏的参与，也就是说应建立在引发人们享受生活乐趣，满足人们轻松愉悦诉求基础上的设计策略。如儿童食品包装，将卡通人物造型设计为瓶盖，就极受小朋友喜爱。许多食品包装中，附加有共同主题的收藏卡片，如历史人物、风景名胜、电影角色等，就会激发人们的收藏兴趣，以此促进商品的销售。

5.1.4 围绕包装设计元素拟订的设计策略

包装设计具有美化商品的功能，一般有图形、文字和色彩等视觉元素构成。通过元素的形态，以及各元素之间的构成关系形成不同的视觉形式、风格和色调（见图 5.12）。

1. 造型风格化策略

富有个性、美感的产品造型，令人爱不释手（见图 5.13）。销售市场上不乏"以形取胜"的实例，如知名香水的每一款瓶形和包装往往就是一件精美的艺术品，它所形成的气质、格调与品位，构成了商品和商品包装的审美风格，体现出其自身的魅力，也从某种程度上迎合了消费者的审美诉求，给消费者在选择、使用商品过程中带来美的愉悦和享受。如屈臣氏纯净水包装，其优美的曲线瓶身让人印象深刻。依云矿泉水推出的"水滴"包装瓶，因造型巧妙、独特，深受消费者青睐。

2. 色彩风格化策略

人们在观察客观事物中，对色彩的记忆往往最为深刻，色彩本身所具有的强烈视觉表现力，也就最容易引发人们的情感波动和心理的变化（见图 5.14）。因此，不可忽视色彩对商品包装风格形成的影响和作用。充分利用色彩的性质和表现力，彰显包装的风格和提高包装的辨识度，就成为了商品包装设计惯用的手段之一。例如，可口可乐饮料包装的红色基调、百事可乐饮料包装的蓝色基调已成为两大品牌区分的标志，也是其销售宣传与推广活动中的身份象征。

图 5.12
软滑冰激凌 美国

图 5.13
台湾劲水 饮料包装
中国台湾

3. 材料与技术更新策略

技术的合理运用关系到包装优劣，推动了包装形式的变化。新技术、新材料、新工艺为商品包装的品质提升带来无限可能，同时，印刷技术、材料加工技术和生产加工技术的进步促进了包装行业的发展。市场上琳琅满目的矿泉水瓶，来自于塑料成型技术的支持。利乐包包装技术决定了今天的液体饮品的包装形态。塑料薄膜的热成型结合抽真空技术，延长了食品的保质期。可见，如今新材料、新技术的不断涌现，为商品包装升级换代带来了广阔空间（见图5.15）。

图 5.14
资生堂化妆品包装 日本

5.1.5 以品牌诉求为中心的设计策略

品牌是一个企业的无形资产与财富，品牌形象的构建体现了当今时代发展的必然。许多拥有较高知名度的品牌，常常直接将自身具有代表性的视觉元素作为表现对象。商品包装设计中的品牌策略大致可归纳为以下三种方法。

图 5.15
含 60%塑料经加工肉类包装 瑞士

1. 系列化策略

　　一家企业或某一品牌下的同类商品经常采用系列化的包装方式，在展示销售时，既可以突出企业形象、强化品牌识别，还能给消费者留下企业实力，以及专业性和管理规范的整体印象（见图 5.16、图 5.17）。从而增强对企业的信任度。采用系列化的品牌策略，不仅可以使市场上表现较为成熟的商品带动新产品的开发和销售，还可以大大降低宣传成本，充分发挥包装作为"销售媒介"的作用。

图 5.16
冷萃植物水果饮品 土耳其

图 5.17
明亮、复古风格系列面包粉装 四年犹太节假日款 以色列

图 5.18
可口可乐 2008 年北京奥运会纪念罐装
美国

2.　品牌联合策略

品牌联合策略，即采用"强强联手"的方式，借助同一事件或活动，巧妙地将两个或两个以上知名品牌的形象元素置于商品包装或其他上视觉载体上。如可口可乐公司与 2008 北京奥林匹克运动会组委会合作，在其饮料的包装上同时出现了可口可乐品牌形象与"奥运五环"标志形象，这一做法体现出企业对社会的关注，以及企业的公益精神和实力，令人印象深刻，在推动奥运精神传播的同时，也提升了企业品牌形象（见图 5.18）。

3.　事件性策略

面对激烈的市场竞争，为保持公众对品牌的关注，许多企业往往会借助重大事件展开营销活动，继而推出新的产品或限量版纪念商品与包装。成功的案例如依云矿泉水包装。1992 年为庆祝冬季奥运会在法国阿尔贝维尔举办，顺势推出印有山峰浮雕的玻璃瓶包装，使人感受到企业的活力；千禧年之后，又推出了一系列水滴型的包装。两者均成为本领域设计的经典之作，这种与社会重要事件性活动互动，不断出新的包商品及包装设计的策略也为品牌带来了良好声誉（见图 5.19）。

图 5.19
依云矿泉水包装　法国

5.1.6 以生态诉求为中心的设计策略

科学技术的发展在推动物质财富积累的同时，某种程度也给生态环境带来沉重负担，保护人类生存环境，实现社会的可持续发展已成为时代的重要命题。因此，倡导科学发展观和绿色设计理念，应成为设计师的自觉践行的常态。

1. 绿色包装材料策略

材料是实现包装的物质基础，恰当的材料选择可以起到保护商品、凸显商品特性的作用。随着适度设计观念的推广，包装材料的选择已成为企业、设计师必须考量的现实问题。重视包装材料的环保因素，不仅顺应了当今商品包装发展趋势，也因此可能形成商品宣传的亮点。如食品包装可选用天然材料，还可选用一些由蛋白质、淀粉或复合类物质组成的可食性材料，不仅有利于消除人们对食品安全性的担忧，同时成为销售卖点。除此之外，包装设计中减少材料使用和加工的烦琐，采用"极简设计"也是一种行之有效的设计思路，如日本无印良品的包装设计，采用未经漂白的纸张与简约的设计形式，减少污染环节的同时，形成了具有独特风格的品牌形象，给人以朴素无华的印象（见图 5.20）。

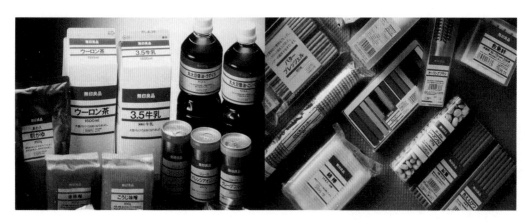

图 5.20
无印良品包装设计 日本

图 5.21　FOSCHINI 女性时尚商店包装袋设计　南非

2. 循环再利用策略

图 5.22
茶马古道 普洱茶包装 中国

　　包装的循环再利用，是指包装形态和材料可再次的使用，可以通过降解回收再次成为包装的材料，也可用于其他物品的储存或作为生活环境的装饰和点缀等。在进行包装设计时应把尽可能延长包装使用寿命作为预期考量。例如，南非女性时尚商店 FOSCHINI 推出的包装袋，将流行的女性皮包样式印制在普通的塑料袋上，给人真实手提包的视觉效果（见图 5.21）。手袋视觉质感的身份转移，增添了消费者再次使用或收藏的可能，商品和包装的循环再利用，符合环保理念，同时也在反复使用过程中进一步增强人们对品牌的好感度，可谓一举多得（见图 5.22）。

5.2 包装设计创意

　　"创意"一词近年来被高频使用，不仅体现了其在知识经济的核心地位，也是对设计创造力和创新价值的释放。商品包装设计创意，直接关系到商品销售和市场效果，在整个设计环节中发挥着不可或缺的核心作用。

5.2.1 包装设计创意的基本要求

　　无论是消费者、设计师还是商品生产厂商，其心目中的包装形象各有侧重。对于消费者考虑最多的是，是否便于了解商品的特有信息，符合自己的审美趣味，以及个人期望的诉求；对于生产商来说则侧重考虑的是能否最大程度的节约成本，起到保护商品和便于运输，能否发挥促销作用；对于设计师而言，侧重考虑的是包装的最终效果能否满足企业诉求，能否促进消费者购买，以及体现包装的审美与实用功能。

　　由此可见，平衡消费者、生产商及设计师的各自诉求是包装设计创意的出发点和考虑范畴，同时，还须迎合时代、社会发展的动向和潮流，并充分考虑到个人需求、企业利益和社会效益的平衡。这就需要设计师根据以上方面，以恰当的设计表现形式来实现创意的目的（见图5.23、图5.24）。

图 5.23
横滨大世界　商品包装　日本

图 5.24
咖啡系列包装　拉脱维亚

综上所述，商品包装设计的创意要注意两方面：一是要适应社会发展，将市场与消费者需求作为包装设计的重要依据；二是要在设计中强调运用视觉语言对包装形象的艺术表现。总而言之，通过艺术的表现力将包装设计的创意诠释出来，创造最佳的视觉效果。

5.2.2 包装设计的创意思维与方法

创意思维是商品包装设计的核心，好的创意不仅要求设计师具有开阔的视野和综合的能力，更要具备一定的敏感和智慧。在日常生活中注意积累的丰富经验，掌握科学、有效的创造性思维与方法（见图 5.25）。

图 5.25
限量款酒包装 克罗地亚

1. 创造性思维的界定

创造性思维是人类高层次的思维活动，是多种思维方式综合运用、反复思辨的过程，体现了人类探求创造力的主观能动性，以及发挥自身知觉、情感、意志能力的内在需求。

a. 抽象思维

亦称理性思维，是指人在认识过程中，大脑在概念分析的基础上进行推理、判断，对客观事物的本质属性进行归纳、集中的一种思维活动。抽象思维的常用方法有归纳与演绎、分析与综合、抽象与具像（体）等。

b. 形象思维

形象思维是指人们在认识世界的过程中，对事物表象进行有意识的选择和排列、组合，是用直观形象和表象解决问题的思维方法。形象思维主要用典型性、具象性的方式，以形象作为思考的工具，范例参见图 5.26。

c. 发散思维

也称放射思维或辐射思维，是创造性思维活动的一种重要方式，指大脑在进行思维活动时不受既有概念和传统认识的束缚，从多角度、多维度去思辨、探索，从而获得新的突破。在商品包装设计的构思阶段，发散思维是创意产生的重要基础和条件。

d. 收敛思维

亦称聚合思维或求同思维，是以思考的对象为中心，使思路简明、集中、逻辑、条理、扁平化，将思路以集中、求同、定向的方式收敛，寻求解决问题的最佳答案。收敛思维与发散思维是对立统一的关系。发散性思维所得到是众多可能性，收敛思维的意义是力求得到最佳解决方案，这一过程帮助设计师从已有信息中进行汇总、遴选，推断并形成最佳的创意方案。

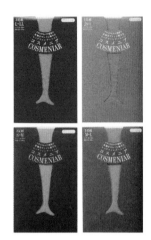

图 5.26
女性长筒丝袜包装　日本

e. 分合思维

分合思维是将与设计对象相关的信息诸要素加以分解，在此基础上，尽可能求得各要素和元素进一步拓展和延伸的可能，并进行新的组合，以产生新的思路、新的方案思维方式。

f. 联想思维

联想思维是通过将设计对象与经验中的相关知识进行联系、类比，从而丰富、延展思维的范围和内容，从而获得创造性想象的突破空间，它是设计师为了拓宽思路的常用思维方式（见图 5.27）。

图 5.27
Kiss Me 润唇膏包装　日本

g. 直觉思维

直觉思维能够透过事物的表面现象，洞察事物的属性与本质，它具有自由、偶发、灵活而又不可重复的特点，是设计中最能够体现创造力的思维方式。

h. 灵感思维

灵感思维是基于丰富的体验和潜意识基础上，面对问题而得到的直觉启示或突如其来的顿悟与理解，是创造性思维的最重要的形式之一。

总之，在包装设计过程中，合理运用多种思维方式，有效完成创造性思维过程，需要注重"选择""突破"和"重新建构"。"选择"是根据已确定的目标，对思维过程中出现的众多包装方案与设想进行有意识、有目的的恰当选择。设计上"突破"，需要不断寻求设计方案的创新，从而"重新建构"起新的设计形式与风格。因此，选择、突破、重新建构这三者的统一，是商品包装设计取得创造性突破的内在动因（见图 5.28）。

图 5.28
一思皎　高档月饼
礼盒包装　中国

2.　设计创意的方法和程序

包装设计的创意是考验设计师心智的过程，在具体的设计实践中，可以依据一定的方法和程序来完成（见图 5.29）。同时，可采取发挥设计师，团队协作的方式。

图 5.29
粉象啤酒标签再
设计
比利时

89

1）包装设计创意的基本方法

从创造性思维的角度实现包装设计创意的方法大致可以分为两种类型，一种是感性意味的灵感激发的方法，另一种是以理性分析为基础的方法。

a. 感性的灵感创意方法

灵感，是人类智慧灿烂的火花，它经常不期而至，却有时也迟迟不肯闪现。然而，灵感的闪现并不完全凭借一时迸发，往往需要长期的关注和积累，以及对某问题长时间集中的反复思考。瞬间产生的灵感达成需要综合性的凝练、升华。

基于集体行为的灵感创意，可以参照"头脑风暴法"的运作方式，类似于"集思广益"。一般以会议的形式召集一群有着共同兴趣的人，就特定领域或问题展开自由发言、相互启迪。头脑风暴的核心原则，即不准同伴批评或者否定与之不同的观点。这种集体参与创意的方式，让与会者畅所欲言，大胆提出各种设想，在相互碰撞中激发灵感。提出的设想越多，获得有价值创意的机会就越大。

个人行为的灵感创意，虽然也会受到周围的人和环境影响，但因每个人不同的思维习惯与方式决定了个人行为的独立性质和悟点。

基于灵感创意的方法在于全面掌握创造性思维的特征和方法，并能够灵活运用。具备创造性思维意识体现在面对问题时，能够具备横向展开、纵向求解、逆向求异的创意能力，发挥敏锐的感受力和丰富的想象力，同时形成观察、发现与思考问题的习惯，以及知识的积累。为今后的工作奠定基础、创造条件。

b. 理性的创意方法

理性的创意方法是以理性分析为基础，发散思维和收敛思维结合，具有积极的意义和作用。理性的创意，首先要针对表现的各个要素进行分解，分解得越细致，所提供的组合机会越多。例如，一件化妆品的包装，可以从以下 6 个因素来分解。

商品品牌 —— 品牌个性、形象概念、符号特征、色彩特征、构成形式等；

商品形象 —— 商品特点、市场诉求、商品名称、形象特征、色泽味道、质量服务等；

包装形态 —— 基本要求、基本形式、概念特点、联想意味等；

包装色彩 —— 基本要求、组合特征、色彩语意、联想意味等；

包装材料 —— 材质特性、可行范围、肌理传达、联想意味等；

工艺成本 —— 制作技术、工艺特征、技术成本、批量生产等。

实际上，在商品包装设计创意的具体过程中，感性创意和理性创意的界限并不明显。为达到创意的独特性要求，应主动尝试和运用可能的途径和方法，将感性创意和理性科学有效地结合，才正是实现最佳创意方案的有效方法（见图 5.30）。

图 5.30 矿泉水 玻璃瓶包装 希腊

2）包装设计创意的程序

包装设计创意的过程犹如一个橄榄形的纺锤，上下细、中间粗。下端比喻确定创意目标，中间部分是不同的创意思考方式最大限度的发散思考，然后根据设计策略要求，进行客观分析与评估，上端就像最后凝练成的创意点。这个过程紧密相连、整体贯穿。创意过程大致可分为 5 个阶段。

a. 确定目标阶段

确定设计创意的目标，以概念要素的方式提出创意要达到的目的和基本原则。包装设计的创意目标是综合各方因素加以论证分析后的结果，是根据商品特色，以市场为导向，目的在于满足、引导消费者需求，有效地促进商品销售。

b. 收集资料阶段

资信的收集是思维发散的阶段，提倡多角度、多维度思维，同时也可以通过与同行或跨行业人员交流，或通过阅读、访谈、调研等方式进行，尽量多地收集与商品、包装及市场相关的信息。

c. 创意酝酿阶段

此阶段在消化、分析、评估已掌握的资料基础上，通过感悟和碰撞激发灵感迸发，应属于形成创意点的前期阶段。这一过程需要综合运用分解组合、意向联想，将原来发散的思维点归纳集中，探求尽可能多的设计创意可能性。

d. 创意顿悟阶段

通过前几个阶段的积累，经过长时间的酝酿，或不经意间的偶感而发，一步步促使创意点的成熟和形成，体现了思维的超越和升华。当包装设计的创意点得以确认，需以草图的形式准确、清晰地描述，并阐明创意的概念和执行计划。

e. 创意验证阶段

验证阶段的工作是对创意点进行是否严谨、科学、合理、可行等方面的评估。对包装设计创意的验证标准是看它是否达到了预期的目标和要求，重点评价以下内容：

创意与商品的紧密度；

商品信息传达的准确度；

商品携带使用的便宜度；

包装形态风格的美誉度；

材料选择的合理度；

加工制作的精良度；

商品品牌的认知度；

销售环境与销售方式的协调度；

以及是否能够引发消费者的购买欲，促进商品的销售和增强商品的竞争力等。

依据以上评价分析的结论，进行下一步的修正完善，以确定最终创意方案（见图 5.31、图 5.32 ）。

图 5.31
自然爱美洲化妆品 巴西

图 5.32
Kinerapy 健身产品包装

5.2.3 包装设计创意的"三要素"

1. 有效定位

1)定位准确

定位准确是包装设计的前提,它要求把设计置于商品营销系统中予以综合考量,要求设计师在广泛收集各类相关信息的基础上,采用去粗取精、去伪存真、由此及彼、由表及里的归纳和提炼,最后找出最佳定位点。同时,根据自身的性质特点,找出不同于同类其他商品的优势,彰显独特的个性。

2)属性明确

商品的属性主要由性质、功能与作用构成,关系到商品生存的意义。如果包装设计对商品属性表达模糊不清,将直接导致消费者的茫然和误解。因此,准确、明确体现商品属性是包装设计第一要义,也是包装设计功能的内容之一。同时,设计师也要自觉自律,避免虚假不实的表述和视觉表现。

3）信息完备

包装设计关于商品信息的表达必须有利于消费者的识别和理解。一般应包括以下信息内容：如商品名称、注册商标、商品介绍、使用图示、注意事项、成分含量、商品标准号、批号、生产日期、有效期、条形码、防伪标识、环保图标、生产商名称、联系方式等。

2. 突出个性

随着社会的进步与发展，人们物质与精神生活的提高，呈现出多元化、个性化的消费取向。如何在品牌繁多、五彩缤纷的商品包装海洋里，凸显自身商品的个性形象，吸引消费者的视线，创造先入为主、一见钟情的条件。因此，包装设计在激烈的市场竞争中要特别注重个性化塑造。

1）强调区别差异

自助超市的出现，促使消费者选购商品的自主性大大加强。货架上琳琅满目、品牌繁多的商品包装常常令人应接不暇。在消费者感知、情感、行动三个阶段的购买心理活动过程中，优秀的包装有助于消费者快速做出购买决策。形态结构独特、形象新颖夺目，以及鹤立鸡群的视效，才可能在第一时间吸引消费者的注意。所以，包装设计的差异化是赢得市场的必备条件。

2）尊重个性选择

当今社会消费需求与方式的多样化，催生了个性化消费的风行。美国心理学家马斯洛把人的需要划分为 5 个层次：生理需要、安全需要、社交需要、自尊需要和自我实现需要。如同法国经济学家杰·波传里亚所说："现代社会中，消费不仅仅停留在单纯的购买意义上，它已逐渐成为一种社会文化的象征，人们在消费过程中无论从购买的档次，还是色彩造型上都体现出他们高雅的文化修养、独特的审美趣味乃至社会地位的高低"（见图5.33）。

图 5.33
茵芙莎
化妆品包装
日本

3）注入趣味表现

因为人对独特的事物的好奇心，通常表现在情理之中又出乎意料的事物发生兴趣，尽管某些包装的视觉要素齐全、定位准确、色彩和谐、构图完整，但却不能令人心旌摇曳、付诸行动。究其原因，似乎缺少了一点能够令人"心动"的东西。因此，设计师在求"新"求"异"的同时，还要寻求表现的趣味性，以满足消费者好奇、好玩、好爽的心理需求，进一步增强包装的亲和力（见图 5.34）。

图 5.34
宝矿力水特　包装　日本

总之，对设计师而言，既要做到包装设计与众不同，又能体现出商品的文化内涵和消费的需求，适度把控一切视觉元素，彰显包装个性，已成为今天不能回避的重要课题。

3.　美的表现

1）生态的美

中国传统造物美学思想，如儒家的"天人合一"，道家的"道法自然"其质朴的生活态度和人与自然和谐的诉求，为我们今天的包装设计的理性回归具有现实的指导意义。选择天然材料或体现天然材料的肌理与质感，尤其是再次利用的可行性，已成为我们践行生态美的具体体现。今天的包装设计的元素很多也源于自然界中的型和材，这一做法旨在唤醒植根于用户内心对生态美的体验。

2）使用的美

美的内涵极为丰富，功能体现在多个方面。在包装的开启、置放、处理过程中，科学、合理的设计不仅会方便用户的使用，进而让用户产生良好的心理体验。美的包装设计，一方面取决于包装形态、结构的创新和尺度的把控，充分考虑到户的使用习惯。另一方面还取决于包装生产的精致程度。其中包括根据设计目的及成本要求，合理选择包装材料和加工工艺，使用户在使用中感受到愉悦和方便。

3）视觉的美

包装设计的视觉表现要遵循艺术形式美法则，通过形态、色彩及其他元素形成和谐的调性和美感。通常运用对比统一的手法处理、协调文字、色彩、图形等各元素之间的关系，达到设计的意图和目标。包装视觉美的营造，包括从内容到形式的和谐，情感与理智的和谐，以及思想与技巧的和谐等。包装视觉美的呈现，是一种形式、风格、品味的建构。目的是满足消费者功能需求的同时给人以美的熏陶和享受。

可见，包装之美，是各方面因素的和谐构成的。其作用不仅可以增进生产商与消费者之间的良性沟通，加深用户的良好体验，同时，还有美化商品、陶冶情操，助推商业文化健康发展的作用。美的塑造体现在包装设计的过程之中（见图5.35、图5.36）。

图 5.35
可口可乐圣保罗时装周包装 巴西

图 5.36
2005 年推出的"M5"可口可乐瓶设计 五大洲设计公司联合设计

本章思考题

如何理解包装设计的策略创新?
以产品诉求为中心的创新策略是什么?
现代包装设计的创意要素有哪些?

第 6 章　材料与工艺

教学安排

课程名称	《现代包装设计》六 —— 材料与工艺

课程内容　包装材料与工艺、常用材料与工艺、其他材料的包装

教学目的与要求　理解材料在包装设计中的重要地位和作用，了解包装材料、包装印刷工艺的基本内容；了解纸、塑料等不同包装材料印刷的基本原理和主要工艺方法；了解金属、玻璃、陶瓷、织物、皮革、木材等包装材料的特性及印刷工艺

教学方式与课时　讲授与观摩相结合，12 课时，讲授 4 课时；作业 8 课时（不含课外课时）

作业形式　完成观摩笔记 1000 字以内

参考书目　杜维兴编著 . 装潢印刷工艺 [M]. 北京：印刷工业出版社，1995

满懿等编著 . 包装与设计 [M]. 沈阳：辽宁美术出版社，1999

赵秀萍等编著 . 现代包装设计与印刷 [M]. 北京：化学工业出版社，2004

6.1 包装材料与工艺

材料是包装的物质基础，是实现包装使用价值的客观条件。最早的包装主要以天然材料为主，随着现代科学技术的发展，新材料不断涌现，当今包装的主要材料是纸材、塑料、玻璃和金属（见图 6.1~ 图 6.4）。

图 6.1
F06 手机包装盒　中国

图 6.2
香水包装　法国

图 6.3
红火烈鸟酒　德国

图 6.4
Drink3 矿泉水包装　美国

6.1.1 包装材料的主要性能

保护性能：可保护内装物，无毒、无异味等。

易加工性能：易于加工，适应自动化、机械化生产操作。

装饰性能：形、色、肌理的美观性等。

易使用性能：易开启，不易破裂等。

易处理性能：利于环保、节能，即可回收、再生、复用等。

6.1.2 选择包装材料的原则

包装材料的首要功能是对产品的保护，避免内装物在流通过程中受到损害，还须考虑成本等因素。包装材料的选用是根据产品自身的特性决定的，因此，研究包装材料的性能和特点，合理地选用材料，结合恰当的印刷工艺是包装设计中不可忽视的环节。选用包装材料，一般应遵循以下原则。

1. 满足包装功能

产品的包装一般分为小、中、大包装。小包装又称为单体包装，因其直接接触产品，所以一般使用较为柔软的材料。中包装是指由若干小包装放置在一起的包装，材料的选用需要考虑适合工艺制作和缓冲减震要求。大包装也称外包装，用来在流通过程中对产品的保护，更重视材料防震性能，一般多使用瓦楞纸、胶合板、木板等硬度较高的材料（见图 6.5、图 6.6）。

图 6.5
听香茶叶包装 中国

图 6.6
液晶电视面板包装缓冲结构

2. 适应流通条件

包装材料的选择应与流通条件、运输方式相适应，包含气候（温度、湿度、温差等）、运输方式（人工、汽车、火车、船只、飞机等）等。

3. 对应商品档次

在选择包装材料时，应考虑商品高、中、低的档次定位，根据不同产品的特点，选用适合其要求的材料，以满足不同层次消费者的心理需求。

6.1.3 包装工艺与印刷

工艺是指将材料经过印刷、成型等一系列工序，转化为包装的技术。包装设计时应该充分考虑是否适合加工工艺的要求和成本。

包装设计的最终视觉效果需要通过印刷完成，这就需要设计者对印刷工艺的基本知识有所了解。印刷工艺主要包括凸版印刷、平版印刷、凹版印刷、网版印刷、无版印刷等。

6.2 常用材料与印刷工艺

包装的常用材料包括纸张、塑料、金属、玻璃、陶瓷等。了解和掌握常用包装材料的规格、性能、用途及印刷工艺是进行包装设计的重要环节。

6.2.1 纸材

1. 包装纸的类别及特性

1）包装纸的主要类别

包装纸材主要有胶版纸、白卡纸、铜版纸、特种纸及板纸，板纸是指通常重量超过 200g/m² 的纸，厚度一般 0.3~1.1mm，板纸在纸材中强度较高，能制成固定形状。

胶版纸：成本低，有单面和双面之分，在白度、光滑度和紧密度上略逊铜版纸。一般用于单色的凸版印刷和平版印刷，如信封、信纸、说明书等。

白卡纸：一面平滑洁白，一面较为粗糙，挺度好、耐折、粘接性和印刷适性良好。常用于适用硬度要求较高的包装。

铜版纸：纸面光滑、洁白，分单面和双面，适于多色、精细的印刷品，具有较强的防水性，多用于多色套版印刷。低克数的铜版纸通常用于盒面标贴、瓶贴等。

哑粉纸（无光铜版纸）：比铜版纸薄且白，表面光滑，反光弱，印刷效果没有铜版纸色彩鲜艳，但比铜版纸细腻。

纸袋纸：纸袋纸强度高、坚韧，具有良好的防水性和透气性。常用于水泥、化肥、农药等包装。

牛皮纸：纸质柔韧结实、价格低廉、经济实惠，多用于制作文件袋，手提袋和仪器、小五金等工业产品的包装。

羊皮纸：最早因制纸材料为羊皮而得名，后以植物纤维代替羊皮，又称植物羊皮或硫酸纸。羊皮纸为半透明状，质地紧密有弹性，具有阻气、防潮、耐水等特性。

鸡皮纸：纸质抗拉伸、强度高，具有较好的耐水、耐损和耐折性特点，一般多用于有一定重量的商品的小包装。

玻璃纸：纸质较薄，具有较强的透明度和光泽度，阻气、耐油，但防潮性差，抗拉强度弱。常使用于糖果、糕点、化妆品、药品、纺织品、精密仪器等包装的透明部分或包装的外包装。玻璃纸、塑料薄膜和铝箔复合这三种材质被视为包装的新型材料。

防潮纸：具有耐水、防潮性，一般作为需防潮或保湿的食品和产品包装。主要包括油纸、石蜡纸、沥青纸等种类。

防锈纸：是经过防锈剂处理的纸，主要用于包装防止氧化生锈的金属制品。

真空镀铝纸：纸张经过真空镀膜后，表面涂盖金属层，防水、防潮性能增强，且表面光滑，具有金属光泽。

压纹纸（也称特种纸或艺术纸）：各种纸着色与纹理不同，如布纹、条纹、格纹、橘皮纹、皮革纹等，因加工特殊而成本相对较高。有的凹凸不平，印刷时油墨易渗透到缝隙中，颜色鲜艳度减低。深色特种纸一般采取专色和金属色或丝网印刷。

再生纸（也称环保纸）：是一种以废纸为主要原料生产的纸张，由于制作过程不添加化学制剂，被称为绿色环保纸。常用于与此概念相适应的产品包装。

此外，还有用于生产纸箱等运输包装的材料等。

2）包装纸张的印刷适性

纸张的印刷适性是指纸张性能与印刷作业要求和条件的匹配度，主要包括以下 3 个方面。

油墨吸收性：油墨吸收性直接影响印刷品的效果和品质，是纸张的重要印刷适性之一。油墨吸收性太小会导致印刷网点扩大，容易产生花、不牢固和干燥时间长等问题，但如果油墨吸收性太高，会造成透印、油墨粉化、图像色调改变和深暗、清晰度差等问题。

水分：不同的纸张质地吸水性不同，水分的含量高会造成纸张膨胀和变形。

平滑度：平滑度是指纸张表面平整光滑的程度。纸张越平，油墨与纸张的接触就越好，印品质量就越高，反之表面粗糙的纸较难达到理想的印刷效果。

2. 纸材包装印刷工艺

印刷工艺大致可分为印前、印刷和印后三个阶段。印前工作主要指图文信息的处理和制版，印刷是指完成包装的印制过程；印后则是对印刷后的包装进行加工，如装订、成型等。

纸材包装容器加工工序涉及以下程序，设计（结构、造型等）→板纸印刷→表面处理（上光、覆膜、烫箔、压凸、烫蜡等）→模切压痕→成型（用机械或人工折叠成型）。

1）纸包装印前工作要点

a. 印前准备

分辨率：网屏分辨率又称网线，是指灰度图像或分色图像在网屏上每英寸的点数，单位是线／英寸（lpi）。显示器分辨率是显示器上每单位长度显示的像素数目，单位是像素／英寸（dpi）。

分辨率设置直接影响到印刷成品的质量，扫描显示的分辨率应根据网屏分辨率来决定，即扫描显示的分辨率的大小应设置为网线数的1.5～2.0倍。正常情况下的彩色印刷在150～175线数，一般扫描分辨率设置为300线数。图片放大最好不超过20%，否则会影响图像精度。

图像模式：在计算机上处理图像一般使用RGB和CMYK两种图像模式。RGB是指光源色，即红（Red）、绿（Green）、蓝（Blue），是计算机显示器的显示模式。CMYK是指印刷色，即青色（Cyan）、品红（Magenta）、黄色（Yellow）、黑色（Black），这四种颜色是与印刷机的四原色油墨相对应的。图像使用RGB模式只能在显示器上呈现，要印刷须使用CMYK模式。

出血线：如果印刷品的图文超过了裁切线通称为出血，为了避免裁切时产生的错位或不到位，一般须印刷的图文应超出实际模切线，向外延伸3mm。

套准线：需要两色或两色以上的印刷为了套印准确，在版面的四角处制作套准线标记，用"+"或"丁"示意，以保证每色印版准确地套叠在一起。

条形码：条形码的应用使物流环节的工作效率大幅提高，包装印刷品在设计与制版时，条形码标准尺寸为37.29mm×26.26mm，缩放比例约在0.6～2.0倍。对于较小的包装，可以适当截短条形码的高度，但不低于原高度的2/3。

b. 彩稿设计

在包装彩稿设计中，设计师应该对印刷工艺的制约性有所了解，尽可能适应印刷用色范围和要求。通常形态简洁的图形适合凸版印刷。形态繁复、色彩丰富的图像则适合平版印刷。因此，在设计中应注意充分发挥和利用纸张的特性，尽可能减少印刷叠色次数，避免在同一色版上施以大面积的底色和细小的文字，并树立绿色环保和节约意识，力求降低成本。

c. 绘制墨稿

墨稿是指设计方案定稿后印刷制作之前的制版稿，一般由黑色线性绘制，需严格校对所要印制的图像、色彩和文字等表现元素，做到准确无误，并符合制版和印刷要求。

2）纸包装印刷工艺

包装印刷工艺运用范围不限于纸材料，也包含塑料、金属等其他材质，但在纸材料上应用最为广泛。包装印刷通常采用四色印刷或专色印刷。

四色印刷指采用青⒞、品红（M）、黄（Y）三原色油墨和黑（K）墨来复制彩色原稿，通过网点密度相互覆盖混合完成（见图6.7）。

专色印刷是指使用预先混合好或专色油墨进行印制，其颜色饱和，墨色均匀。在计算机上无法准确显示专色的色值，可对照专色色样卡确定（见图6.8）。

图 6.8
运动鞋包装　墨西哥

图 6.7
Omega3 脑助力胶囊　英国

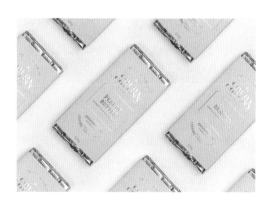

图 6.9
CocoaColony　巧克力包装

印金或印银属于专色印刷,但不同于普通油墨的透明属性。应当注意的是,印金、印银与烫金、烫银在效果上的区别（见图 6.9）。

印金、印银应注意以下几点。

由于金、银墨比一般油墨颗粒较粗,转移传递性较差,印制图形的边缘或间隔之间不宜过细,否则容易发生糊版,影响印刷质量。

金、银色尽可能印在深色实底上,这样更显金属光泽。印刷时金、银墨尽可能放在印刷色序的最后。

印金、银墨的产品不宜用于包装酸碱值高和具有腐蚀性的物品,可采用电化铝烫印工艺替代。

另外,在大面积印金、银墨时,为取得良好效果,常采用叠印两遍的方法。金墨的底色,一般用遮盖力强,又与金粉色相接近的黄墨铺底。银墨的底色选用遮盖力强的白墨或灰色油墨铺底。

金、银墨的使用,应根据需要灵活掌握,例如可与普通油墨混合使用,也可产生新颖的视觉效果。

包装印刷目前使用的印刷方式主要有平版胶印、凸版印刷、柔性版印刷、凹版印刷、孔版印刷和无版印刷。下面将分别介绍这几种印刷方式的工艺特点。

a. 平版胶印

平版胶印是指图文部分和空白部分在印版的同一平面内,利用油水不相混溶原理和固体表面不同的选择吸附特性规律,经过技术处理,从而达到固面图文部分亲油、空白部分亲水的印刷需求。其工艺流程参见如下。

印前：设计稿数码打样或彩喷→拼版→菲林输出→校对

印刷：拼版→晒版→打版、校色→印刷

印后：烫金→压凸凹→过胶（光、亚）→压纹／压膜

胶印的网线和网点一般以 175 线／英寸居多,表面比较粗糙的纸宜采用 150 线／英寸,高精度印刷采用 200 线／英寸印刷。由于胶印成本低使用也较为普遍。

b. 凸版印刷

凸版印刷是指印版上印纹部分高于非印纹部分,而且所有的图文部分都在同一个高度。在印纹上涂上油墨印于承印物上的印刷方式,其原理如同盖章。凸版印刷包括活版与橡胶版两种。

凸版印刷特征：

凸版印刷墨层厚实、色彩鲜艳、图文清晰；

凸版印刷制版方便,印版耐用,操作简单,适于小批量印刷；

材料承印适应性强,适用各种材质、厚度和规格的印刷材料；

凸版印刷可将凹凸压印、烫印以及模切、压痕等工艺结合,形成不同效果。

c.　柔性版印刷

柔性版印刷又称橡胶版印刷，从传统凸印中发展而来，也称为无污染印刷。它使用新型油墨，去除了有毒的二甲苯溶剂，特别适用于食品、医疗、化妆品的内外包装。其印刷质量接近平版胶印和凹印水平，集印刷、上光、烫金、覆膜、压痕、模切、排废等工艺于一体，提高效率，适合自动化包装生产和较大幅面材料的印刷。

柔性版印刷兼有凸版、凹版和胶印的长处，层次丰富，色彩鲜明，墨层饱满，具有高速、多用、成本低、设备简单等优点，但在印版受压过大时容易变形，因此，不适用于印刷过小、过细的文字，以及过多色的套印。

d.　凹版印刷

凹版印刷是指印版上图文部分低于空白部分的印刷方式，与凸版印刷原理相反。凹版印刷分为雕刻凹版和照相凹版。雕刻凹版印刷精美，不易仿制，多用于票证（钞票、股票、邮票等）和图形线条细腻的包装。雕刻凹版和照相凹版的制版工艺较为复杂，成本较高，不适于印数少的印刷品。因其采用高速轮转机型，印刷速度快，适合大批量印刷。

凹版印刷特征：

印版的图文部分低于空白部分；

属于直接印刷方式；

设备中没有特殊的刮墨装置；

油墨的流动性大，以挥发式干燥为主；

墨层厚实，色调丰富，图案清晰，立体感强；

制版工艺复杂，印刷品不易被仿造。制版及印刷成本较高，不适合数量少的印品。

e.　孔版印刷

孔版印刷又称丝网印刷，除了纸张外也可在布、塑胶、金属、玻璃等多种材料印刷。通过丝网上面涂布一层感光胶，将图片附上，经过曝光、冲洗，形成透孔和不透孔部分。通孔的部分是可渗入油墨的图文部分，用刮墨板将油墨挤压印在材料上。丝网印刷工艺流程是，原稿制作→绷网→制版→印刷，其特点是墨色浓厚、立体感强。但生产效率较低，很难满足大规模生产需要。

f.　无版印刷

无版印刷又称数字印刷是将图文信息直接转换成印刷品，无须胶片和印版，简化了传统印刷繁复工序，节省了劳动力。这是一种快速、实用、经济的现代化印刷方式。

数字印刷与传统印刷比较，其优点是可直接接受数字信息而印刷成像，在印刷过程中可以随时更换内容，简化了工艺流程，提高了生产效率，并可通过网络传送进行异地印刷。

由此看出，数字印刷的优点集中体现在生产工艺流程上，是一个数字化的过程，实现了数字式页面向印刷品的直接转化。数字印刷的主要特点是无版（plateless），因此任何相邻的印品都可以不一样，而且成本与价格与印数的关系甚微。由此，数字印刷被认为是一种可以提供为个性需求服务的印刷方式。目前在包装领域，数字印刷主要应用于小批量或个性化包装的印制。

图 6.10
龙烟 系列礼品包装 中国

3）纸包装印后工艺

纸盒包装的加工工序一般为：纸盒结构设计→印刷→表面整饰（覆膜、上光、烫印、凹凸压印等）→模切压痕→折叠纸盒成型等（见图 6.10、图 6.11）。

图 6.11
狮牌西湖龙井茶礼盒装 中国

a. 覆膜工艺

覆膜工艺是将有光或无光的塑料薄膜通过热压贴于印品表面，起到保护纸张和印刷效果的作用。增添了纸材不具备的优点，如防水、防污、耐油脂、耐压折等。但是覆膜后的纸包装不宜降解，应慎重使用（见图 6.12）。

b. 上光工艺

上光工艺是指将无色的透明光油涂布在印刷品上，经流平、干燥、压光后形成薄而均匀的透明光亮层。上光不但能为纸包装提供有效的保护膜，还起到防潮、防霉、防摩擦的作用，而且能弥补胶印墨层薄、墨色不饱和的缺陷。上光工艺包括整体、局部上光，亮光、哑光（消光）上光和特殊涂料上光，还有水性上光与 UV 上光等。上光与覆膜相比更具有环保性，并且生产工艺相对简单（见图 6.13）。

图 6.12
覆膜机

图 6.13
上光工艺

图 6.14
红茶包装　斯里兰卡

图 6.15
酒签设计　美国

图 6.16
巧克力包装　德国

压光是指在上过光的印刷品干燥后，经压光机热压、冷却印品的过程，是上光工艺的深加工，可使上过光的涂层呈现镜面效果。

c.　凹凸压印工艺

凹凸压印工艺是利用凹凸版在纸材上进行压制，使被压的部分或没有压制的部分之间呈现出明显的立体感。可以根据设计需要产生各种各样的肌理和纹样。同时，为了突出局部，如品牌、图形、文字等也可使用这一工艺（见图 6.14）。

d.　烫印工艺

烫印俗称烫金、烫箔，是一种不使用油墨的特种印刷工艺。通过装在烫印机上的模版，在设定好的压力和温度，将金属箔或颜料箔烫印到纸类或塑料、皮革、木材等其他材料上（见图 6.15）。

此外，凹凸烫印也称三维烫印，是将烫印工艺与凹凸压印工艺一次性完成的工艺方法，这种工艺减少了工序和因套印不准确而产生的废品。

全息烫印工艺是一种将烫印工艺与全息膜的防伪功能结合的工艺技术，在包装上用于特殊防伪标记。

e.　模切压痕工艺

模切压痕就是根据包装设计要求，使用模切刀、压痕刀，利用模压机产生一定压力，将印刷品冲切成一定形状的工艺。一般外形为直线的可直接裁切，异形、弧形，开窗等应特制模切刀，折线则须采用压痕工艺完成（见图 6.16）。

6.2.2 塑料

塑料除具备一般包装材料的性能外，其质轻、透明、防潮、耐酸碱、气密性等优点明显，又无锈蚀、沉重、破碎、腐烂、渗漏之弊。不足之处是强度弱，耐热性差，长期使用易老化，有的带有异味，其内部低分子物有可能渗入内装物，并易产生静电、容易脏污，有的塑料废物处理时还会造成污染等。

塑料材料的选择要根据产品的性质和要求来考虑，透明塑料包装可展示内装物的外观及质量，而避光、怕潮湿的食品、药品等产品应选用不透明塑料（见图6.17、图6.18）。

图6.17
幸运 内衣品牌包装 中国

1. 塑料包装的成型工艺

塑料包装可分为塑料容器、塑料薄膜、缓冲塑料等。成型方法有挤塑、注塑、吹塑、铸塑、真空、发泡、吸塑、热收缩、拉伸等，其中挤塑、注塑、吹塑最为常见。

挤塑成型：将塑料原料压入钢模，挤出的管状物经空气或水冷却后成形，该方法适于制作管材、片材、棒材或型材等。

注塑成型：将塑料原料在注射成型机内加热融化，通过压缩并向前推入温度较低的闭合模具内，经冷却成型。适于制作杯、盒、瓶、罐等。

吹塑成型：利用气体压力将闭合于模具中的原料吹胀成中空制品。该方法用于制作中空制品，无废料、精度较高。

图6.18
驱蚊剂创意包装设计

图6.19
塑料材质的宠物食品包装 日本

2. 软塑包装及其印刷工艺

软塑包装俗称塑料袋,是指用聚乙烯薄膜、聚丙烯薄膜、聚氯乙烯薄膜、聚乙烯醇薄膜或将这些薄膜与玻璃纸、铝箔、纸等材料复合,经热合加工而制成(见图 6.19)。

聚丙烯薄膜是目前软塑包装使用最广泛的塑料薄膜之一,来源丰富、成本较低,印刷适性较好,特别适合于丝网印刷。

软塑包装常用的印刷工艺有凹版印刷、柔性版印刷、丝网印刷等。塑料薄膜和纸张不同,没有毛细孔,油墨不易干燥、吸湿性大和易变形,导致多色图文不易套准。软塑包装印前应增加塑料薄膜对油墨吸附力的处理,常用的有电晕和火焰等防静电处理方法。

透明塑料薄膜的印刷方法有"表印"和"里印"。"表印"是指在塑料薄膜上先印底色(白墨)再印其他色墨。"里印"是将反像图文印制在塑料薄膜背面,正面则呈现正像图文。"里印"相对于"表印"色彩更为鲜艳,具有不易褪色、防潮耐磨、保存期长、不易粘连破裂的特点。食品包装大多采用油墨印在两层薄膜之间的方式,以免污染包装物。

软塑包装的印后加工主要包括涂布、复合、分切、制袋等工艺过程。其中涂布就是在包装表面涂盖上一层对油墨吸收性能良好的涂料,以提高印刷质量。复合是将两种以上材料合到一起,如玻璃纸与塑料薄膜,铝箔与塑料薄膜,纸张与塑料薄膜的复合,复合层数一般为 4~5 层。

3. 硬塑包装及其印刷工艺

硬塑料或已成型的软管、瓶、桶、盒等塑料包装无法使用凹版或柔性版印刷工艺,一般采用网版印刷。方法是在丝网上均匀涂布一层感光树脂,将原稿用照相制版方法,通过曝光、显影、洗蚀,形成一块网孔版,将油墨倒在版上,手工或机械刮动,油墨即从网孔漏出,经过干燥处理,油墨凝固。

塑料软管在使用过程中不发生凹瘪变形,广泛应用于化妆品包装,其最常见的原材料是聚乙烯软管,印刷

图 6.20
咖啡师兄弟 澳大利亚

主要采用热转印工艺。热转印工艺的方法是首先将需印刷的图文，使用升华油墨印在转印纸上，然后将转印纸贴合于印刷品上，通过背面加热完成转印。（见图 6.20）。

6.2.3 金属

1. 金属包装的类别及特性

金属包装材料具有优良的机械强度及阻隔性能和良好的热传导性，以及卫生安全，能够回收再生等优点，是当今仅次于纸张和塑料的包装材料。

图 6.21
二片式金属材质饮料包装 日本

图 6.22
三片式金属材质的饮料包装
中国

金属包装容器，主要有罐、软管、箔等制品。其中金属罐有三片罐、二片罐之分。其中三片罐是由罐身、罐盖和罐底三个部分组成。二片罐是由连在一起的罐身和罐底加上罐盖两个部分组成。金属饮料罐逐渐由三片式发展到二片式，铝皮代替了铁皮（见图 6.21，图 6.22）。

金属包装按材料分，常用的主要有下列 6 种。

镀锡薄钢板：是在薄钢板基材上镀锡而成的，也称马口铁。镀锡可阻隔钢板与食品发生化学反应。

镀铬薄钢板：简称镀铬板，是目前食品包装材料中价格最低的，主要用于包装腐蚀性较小的啤酒、饮料和食品。因成本较低，可替代镀锡薄钢板。

镀锌薄钢板：俗称白铁皮，直接在薄钢板上镀锌作为防护层，提高了防腐能力和密封性，可用于包装粉状、浆状和液状产品。。

镀铝薄钢板：镀铝薄钢板价格低廉，抗大气腐蚀性强，适合包装固体物品。热浸法形成的镀铝层较厚，适合制筒。蒸发法得到的镀铝层较薄，适合制罐。

铝合金薄板：以铝为基础，加入一种或几种其他金属元素制成，常用的有铝镁合金或铝锰合金，这两种材料又称为防锈铝合金，具有重量轻、耐腐蚀、可抛光、无毒耐用等特点。由于铝材在酸碱盐介质中易腐蚀，因此均在喷涂后使用。

金属箔：用钢、铝、铜等做成的金属箔具有防潮性、气体隔绝性、遮光性、耐热性与导热性好等特点。铝箔的高阻隔性可以防止水、气、光的渗入和穿透，以及氧化、变质和微生物或昆虫的损害，一般多用于需防霉、防菌、防潮、防虫害的商品包装（见图 6.23，图 6.24）。

2. 金属包装印刷工艺

在金属材料上印刷图文可采用丝印与胶印等方式，一方面钢、铁、铝、铜、锌等材质，表面容易氧化，印前一定要对其表面进行处理，另一方面金属本身表面光滑，油墨附着力弱。印前处理工艺包括除尘、抛光、拉丝、磨砂、喷漆等，在此基础上选择合适的印刷手段。

图 6.23
百事可乐包装
美国

图 6.24
茶包装
德国

图 6.25
黑色艺术
酒包装
英国

图 6.26
柠檬饮料
包装
日本

金属板的印刷工艺流程，包括内表面涂清漆、表面涂白色底漆→表面印刷→表面进行上光涂布→加工成型（卷边、接缝冲切等），具有印刷视觉效果丰富，色彩鲜艳，光感明显。

另外，金属专用油墨耐磨性强，可持续保持（见图6.25、图6.26）；

铝软管包装工艺如下：制型芯→型芯处理→涂布润滑油→挤压成型→洗净→加工→退火处理→内侧面涂布→干燥→底色涂布→干燥→印刷→上光及干燥→压盖→检查→装箱。

金属软管通常采用凸版胶印，须先在软管表面印上白墨或其他底墨再印底色，在底色上印刷图文。工艺路线为印底色→干燥→印图文→干燥。软管印刷图文一般为实色底，多色套印应注意避免重叠。

金属罐通常采用平版或凸版印刷，两片罐用曲面印刷的方式，三片罐印刷一般在制罐成型前完成，即先在一张马口铁板上同时进行多个罐身板的内部涂料印制和表面图文印刷，再裁切成型。制作与印刷工艺流程为：马口铁除尘去皱处理→内涂料印刷→烘干→打底涂料→印刷底白→干燥→印刷图文→干燥→上清漆→干燥→裁切→罐身连接→内喷涂→翻边（缩颈）→上盖（底）。

6.2.4 玻璃、陶瓷

1. 玻璃包装工艺

玻璃是由石英砂、烧碱、石灰石等原料在高温下熔融后迅速冷却而形成透明的非结晶状无机物质。制作瓶罐包装主要是钠、钙硅酸盐玻璃。特种玻璃包括中性玻璃、石英玻璃、微晶玻璃、着色玻璃、钢化玻璃等。

玻璃包装的保护性能具有不透气、防潮、紫外线屏蔽性强、化学稳定性高、无毒无异味等特点，能够有效地保存内装物。玻璃材料具有透明、易造型的特点，并易回收复用。但也存在耐冲击强度小，运输成本高等弱点，在一定程度上限制了玻璃的使用空间。

玻璃装饰工艺可分为非印刷装饰工艺和印刷装饰工艺两类（见图6.27，图6.28）。

图6.27
酒类包装 日本

图6.28
风笛手 酒品包装 苏格兰

1）非印刷工艺

非印刷工艺主要包括雕刻蚀刻、研磨抛光、喷绘上金等手段。"毛面"处理是在玻璃表面上形成一部分无光泽的"麻面"，与"光面"形成对比，相互衬托。细线蚀刻是在要蚀刻的玻璃表面涂以保护胶层，用针在胶面上刻出图文后浸入蚀液槽中，经一定时间用水冲洗去除残留液，再热水冲洗得到透明图文。彩饰是用彩色玻璃釉在玻璃表面制作出图文再烧制而成。不透明的彩釉是由低熔点的玻璃与适量的无机矿物颜料所组成；透明彩釉既有色玻璃；半透明彩釉加入了适量乳浊剂（氟化物），经烧制后形成彩色乳浊的表面。着色是指在玻璃原料中加入着色剂，可以起到蔽光作用。

2）印刷工艺

印刷装饰工艺主要有印花、贴花等。贴花属于间接印刷，是将图案先印在平面的贴花转印纸上，然后再转印到承印物上。印花属于直接印刷，是将玻璃色釉调制成一定黏度的液体，通过印刷方法把色釉印在玻璃制品表面。因为玻璃材料表面光滑、坚硬、透明，不宜直接冲击和加压，适合软接触的丝网印刷方式。

玻璃丝网印刷可以制出特殊效果，如蚀刻丝印工艺就是指抗蚀印料通过热印或冷印丝网版刮印到玻璃表面，形成抗蚀膜，而没有抗蚀膜的玻璃经过蚀刻就形成图文。还有冰花丝印是先将有色或无色的玻璃熔剂印制在玻璃表层，然后在这层玻璃熔剂层上撒上冰花玻璃颗粒，通过高温烧烤，剂层和冰花颗粒层相熔而形成浮雕效果。丝印冰花装饰素雅大方，多用于装饰性、艺术性玻璃器皿。

2. 陶瓷包装工艺

陶瓷由黏土、砂泥等烧制而成，本身具有重复使用和观赏价值，好的陶瓷包装本身就是一件装饰艺术品，至今陶瓷包装仍是最富有我国民族特色、应用广泛的容器。

陶瓷彩釉是陶瓷坯体表面很薄的覆盖层，对提高陶瓷制品的艺术价值、改善陶瓷制品的使用性能起到重要作用。釉是一种以石英、长石、硼砂、黏土等为原料制成的物质，涂在瓷器或陶器表层后经高温烧制后能形成一层玻璃光泽的涂层。釉层具有光亮平滑、硬度高，抗酸碱的特性。由于陶瓷质地致密，对液体和气体均呈不渗透性（见图6.29）。

图 6.29 口子窖珍藏酒包装 中国

陶瓷容器表面的图文印制通常采用吹喷、手绘、橡皮印、雕刻铜版和平版印刷，并通过贴花纸转印等方式完成。陶瓷包装的工艺基本也可分为印刷与非印刷工艺。

1）非印刷工艺

彩绘是非印刷工艺中主要工艺之一，分釉上、釉下和釉中。

釉上彩绘：是在已烧成的瓷器釉面上，用釉上彩料进行绘制，再经600℃~650℃的低温烤烧而成。但由于烤烧温度较低，彩料与釉面结合不牢，易磨损。

釉下彩绘：是在生坯或素烧坯上，用釉下彩料进行绘制，后施透明釉覆盖，再与坯体一起以高温烧成。釉下彩料要求耐高温，故色彩品种较少。经高温烧制色料可充分渗透于坯釉中，形成平滑的表面和雍雅的色彩。

釉中彩绘：彩料绘制于器型表面后，经高温（1100℃~1260℃）快速烧成，彩料渗透到釉层内部，冷却后，釉面封闭，图文呈现于釉中。

图 6.30
百年郎酒纪念酒包装 中国

另外，喷花也是一种陶瓷包装工艺，操作相对简易，首先采用化学腐蚀法制成喷雾镂空花的图文模板，用压缩空气喷枪将彩料喷到模板上，在容器上形成纹样，墨层厚实，立体感强（见图6.30）。

2）贴花印刷工艺

贴花、印花工艺适合于现代商品包装的大规模生产。印花是利用刻有花纹图案的橡皮印戳把花纹图案印到坯件上，以单色为主分釉上和釉下印花两种。贴花是将印有花纹图案的薄膜花纸，利用胶黏剂酒精稀释溶液转贴到瓷坯上，然后入窑烤烧而成。薄膜花纸所用的薄膜，是以聚乙烯醇缩丁醛为主剂，外加增塑剂、溶剂制成胶液，再经涂布、干燥而成（见图6.31）。

丝网印刷陶瓷贴花纸工艺操作简单、适应性强、立体感强，烧制后的瓷釉厚实、色彩明丽，图案精细。如今胶印陶瓷贴花纸已不常用，陶瓷贴花纸成为陶瓷包装的主要印刷手段。

陶瓷贴花纸的平版印刷，图文须为反像，这样贴到器物上的图文才为正像。陶瓷贴花纸，一般是先印深色，后印浅色。过程中，同类色陶瓷颜料可以叠印，不同类色只可套印，否则在烧制过程中会由于高温所引起的化学变化会使图案变色、爆花。

陶瓷贴花纸转印方法是先将明胶溶液涂在瓷器的表面，然后贴上贴花纸，再以海绵蘸水涂抹，使贴花纸粘贴于瓷器的表面。待明胶干燥后，把瓷器泡在水中将纸上的胶溶解，纸张脱离、图文留存，用水洗去瓷器残余胶质，晾干后即可入窑烧制。

陶瓷贴花转印工艺现已可转印在金属、木材、塑料、建材等材料上，为包装设计在工艺与材料方面的应用提供了更为广阔的空间。

图6.31
原窖醪糟包装　中国

119

6.3 其他包装材料

除了纸张、塑料、金属、玻璃、陶瓷几种包装材料外，木材、麻布、竹子、皮革等其他材料，也经常用作于包装材料（见图 6.32，图 6.33）。

图 6.32
广东怀集土特产"六十日"菜干包装 中国

图 6.33
老东北窖藏酒包装 中国

6.3.1 织物

织物种类繁多，大致可分为天然纤维和合成纤维两类。

对纤维织物的局部染色称为印染，通过各种版型，用颜料、染料等制成的印染浆料，把各种图案印在织物上。经过烘烤、蒸化等一系列处理，使色料渗入织物而达到染色的目的。纺织品的印刷工艺往往采用网版印刷。

纺织物品的静电植绒工艺是利用高压静电场在坯布上面栽植短纤维的一种工艺。其过程如下：涂布黏着剂→植绒→振动→预干燥→高温处理→回收剩余绒毛→成品，其工艺简单、立体感强、成本低，也在橡胶、塑料、人造革等材料上广为应用。

　　织物袋，是一端开口的可折叠式包装容器，除少数通用型包装袋外，其开口部分在填装产品后需要封口。运输包装袋多盛装块、粒、粉状的产品，装重可以在几十公斤至1吨以上。根据制袋材料的不同，织物袋分为布袋、麻袋、塑料编织袋与化纤织物袋等（见图6.34）。

6.3.2 皮革

　　皮革的整理加工是技术与艺术的结合，在提高皮革的物理性能的同时，关注皮革的美感和手感。例如，刮软、搓软、摔软等能够提高皮革的柔软度；压光使皮革变得紧密结实，提高皮革的强度；打光、熨平是为了改善成皮革的表面光泽和平整度；压花、搓纹、套色是为了赋予皮革美的外观；磨光则是为了制造绒面，以提高皮革的利用空间（见图6.35）。

图 6.34
橄榄油包装　希腊

图 6.35
橄榄油包装　希腊

1. 压花

　　压花是指在皮革表面用烫印机压印纹样，这种方法可以增加皮革的肌理效果。专用压花机是将纹样雕在铜质滚筒上，通过花辊与垫辊压制而成。压花铜滚筒由电热丝加热，这样既利于定型，又可以使压成的纹路更为清晰。压花时要注意接缝自然，避免图案脱节和交接处的花纹叠压。压花时皮革含水量掌握在约 20% 左右。

2. 直接印花

直接印花是将薄金属片或厚油纸制成的镂空印版压在皮革上，然后将染料的溶液直接刷在镂空印版上。这种方法简单，但易色与色粘连。直接印花也可将染料融入淀粉糊浆，把糊浆透过镂空版印在皮革表面，待色浆微干，通过蒸气增加色浆的染色牢固度后将皮革上的淀粉糊洗掉，这种方法适用于印染浅色底的图文。

3. 防染印花

这种工艺是指将防染剂通过镂空花版附着于皮革表面作为防染层进行染色产生防染的花色图案的方法。防染剂中可掺用化学药剂来影响染色效果。

4. 拔染印花

拔染印花是用拔染剂将染色的皮革底色除去形成图案的方法。

6.3.3 木材

木质材料分为天然木材和人造板材。天然木材是指原生木，主要包括松木、杉木、榆木等；人造板材则指以木材或其他植物为原料，施加胶黏剂和添加剂，重新组合制成的板材，如胶合板、刨花板、纤维板等。木质材料可加工成木箱、木桶、木盒等包装容器。从环保角度考虑，木制包装在整个包装材料中所占的比例可能会逐渐降低（见图6.36，图6.37）。

图 6.36
剑川木雕包装 中国

图 6.37
Bzzz 蜂蜜罐 亚美尼亚

木材具有可刨锯、胶粘、接榫和握钉等加工性能，加工难度与木材的硬度相关，硬度大的木材不易加工，但耐磨损。硬度小的木材易加工，但易磨损。木箱的牢固度与握钉力性相关，木材的握钉性取决于木材的性质和铁钉的种类及进钉方式。

1. 木材包装

木材有一定的强度，能承受冲击、振动、重压等。适应范围广、不生锈、耐腐蚀，几乎一切物品均可用木制品包装。木材也可进一步加工成胶合板。

2. 人造板材包装

由于天然树木生长缓慢，难以满足生产需求，发展人造板材为包装材料提供了新的材料选择。

1) 胶合板

胶合板是由薄木片，经选切、干燥、涂胶后，按木材纹理纵横交错重叠，通过热压机加压而成。其层数均为奇数，有三层、五层、七层乃至更多的层。胶合板的各层是按木纹方向垂直粘合的，各层可相互弥补由于木材纵横纹所产生的收缩度和强度差异，避免发生翘曲和开裂问题。胶合板包装箱，具有耐久和一定的防潮、防湿、抗菌等性能。包装食品的胶合板，多用谷胶或血胶作胶粘剂。

2) 纤维板

纤维板有木质和非木质之分，前者的原料是使用木材加工后的下脚料与采伐的剩余物，后者的原料是使用蔗、竹、芦苇、麦秆等。这些原料经过制浆、成型、热压等工序制成的人造板叫纤维板。纤维板板面宽平，不易开裂，不易腐蚀虫蛀，有一定的抗压、抗曲和耐水性能，但抗冲击强度相比于其他板材较弱，适宜于作包装木箱的挡板等。软质纤维板内部结构疏松，具有保温、隔热、吸音等性能，一般作为包装的防震衬板。

6.3.4 特殊印刷工艺

1. 磁性印刷

磁性印刷工艺是在油墨中加入强磁性材料，印刷出来的磁膜图案可以记录和储存信息，并具有保密性。印成的磁卡可用于工作证、存折、信用卡等。

2. 香味印刷

香味印刷工艺是将各种不同香味的香料掺入油墨中，从而随印品散发香味。一般使用于信封、信纸、生日贺卡、化妆品包装等的印刷。

3. 液晶印刷

液晶印刷工艺是在油墨中加入液晶材料，在微电流和温度的影响下，出现不同的明暗图案和色彩，画面随温度不同而发生变化。

4. 发泡印刷

发泡印刷工艺是指用微球发泡油墨通过丝网印刷在承印物上，经加热使其体积变大而隆起形成纹样，使平面图文立体化。

5. 示温印刷

示温印刷工艺是指采用的油墨能随环境温度的变化而变色，这种油墨也称为示温油墨。印成的包装通常是利用油墨颜色的变化来提示物体或环境的温度。示温印刷主要用于超温告示、体温色块卡、明信片、锅炉高温指示印品、防伪商标和航空器械的体表测温等。

6. 蓄光印刷

蓄光印刷是使用蓄光颜料做成的油墨，通过不断吸收紫外线可以将光能量积蓄起来，将这种蓄光颜料糅入油墨中印刷，即使关掉电灯，积蓄的光能量可在暗处显现承印物图案，并可以在有限时间内不间断地发光，发光色有青、绿、黄、橙色等。

包装的材料与印刷是包装设计的承载和呈现方式，也是设计过程中每个环节所依托的物质基础，因此，材料和工艺的选择既是包装设计的功能性考量，又是包装设计的创意体现。设计者应在充分了解材料和工艺的基础上，充分发挥其功能与作用，树立创新意识，更好地为产品服务，从而提升包装设计的整体水平。

本章思考题

包装材料选择的原则是什么?

纸材的主要类别和性能包括哪些方面的内容?

印刷方式的主要种类及特性是什么?

第 7 章 形态与结构

教学安排

课程名称	《现代包装设计》七 —— 形态与结构
课程内容	纸包装形态与结构设计；容器的形态与结构设计
教学目的 与要求	掌握容器造型及纸包装形态与结构设计的原则与方法，以及合理选择材料与加工工艺的知识，并了解不同材料容器及包装的性能和特点
教学方式 与课时	讲授与参观相结合，讲授 4 课时；参观 8 课时；作业 12 课时（不含课外课时）
作业形式	完成容器石膏模型一件以上，纸盒模型 3 件以上
参考书目	陈磊编著.纸盒包装设计原理（创意与结构设计手册）[M].北京：人民美术出版社，2012 刘克奇、曾宪荣编著.现代包装容器造型[M].长沙：湖南人民出版社，2007 萧多皆（Haizan Shaw）著.纸盒包装设计指南[M].沈阳：辽宁美术出版社，2003

7.1 纸包装形态与结构设计

纸包装是应用最为广泛，结构变化最多的一种商品包装形式，纸包装形态与结构设计的好坏，会直接影响到包装设计的质量。

7.1.1 纸包装设计基础

1. 纸包装的特点

纸包装的优点是成本低、重量轻、易加工、适应性广、易批量生产等。当然，也有易损易蚀、承重差的缺点。（见图7.1）

纸盒包装使用的纸材厚度一般应在 0.3 ～ 1.1mm 之间，因为小于 0.3mm 硬度不能满足韧性要求，大于 1.1mm 则在加工上难度较大，不易得到合适的压痕和粘接。

另外，在盛装商品之前，纸包装是以折叠压平的形式堆码运输和储存的，这是纸包装区别于其他材料包装的特征。目前还保留了手工粘合纸盒的方式，大多用于极少数量的工艺品、礼品、纪念品的包装（见图7.2）。

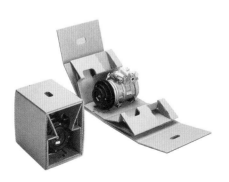

图 7.1
纸盒包装

图 7.2
可折叠纸盒包装

2. 纸包装设计制图

纸包装设计制图符号，见表 7.1。

设计制图尺寸的标注只有两个方向，水平与顺时针旋转 90 度的第一垂直方向。

3. 纸盒包装设计要点

纸的厚度：方形的纸盒在折叠过程中，由于纸本身厚度的原因，在折叠转折过程中尺寸会产生微妙变化。通常情况下，应按设计图折成一个样盒进行检验。如图 7.3 所示中，A 面与 B 面长度应有所调整，B 面的长度通常要比 A 面长约 2 个纸厚度，这样做便于盖的插接咬合。

另外，四方形纸盒的贴接口部分会产生 2 个纸的厚度（见图 7.4）。因为盒的摇盖与盒体的插接咬合要求紧密牢固，所以盒的贴接口如果放在咬合部位就会影响插接效果，原则上应放在与咬合部分没有关系的地方。

摇盖的咬合关系：纸本身具有弹性，如果摇盖没有咬合紧，盒盖会轻易打开或自动弹开。通常采用通过咬舌处局部的切割，在舌口根部作出相应配合来有效解决（见图 7.5）。

表 7.1，设计制图符号

线 型	线型名称	规 格	用 途
▬▬▬▬▬	粗实线	b	裁切线
─────	细实线	1/3 b	尺寸线
▬ ▬ ▬ ▬	粗虚线	b	齿状裁切线
- - - - - -	细虚线	1/3 b	内折压痕线
-·-·-·-·-	点画线	1/3 b	外折压痕线
∧∧∧∧	破折线	1/3 b	断裂处界线
/////////////	阴影线	1/3 b	涂胶区域范围
↔ ↕	方向符号	1/3 b	纸张纹路走向

纸包装设计制图符号

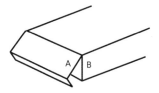

图 7.3
纸盒制作插接口示意图

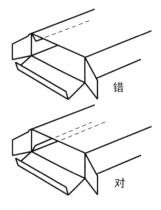

错

对

图 7.4
纸盒制作贴接口示意图

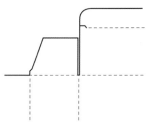

图 7.5
纸盒盒盖咬舌处切割示意图

摇盖插舌的切割形制：在设计盒形结构时，应该在插舌两端约二分之一处再做圆弧切割，这样做使插舌两端垂直的部分会与盒壁摩擦而形成紧密咬合，使插接更加牢固（见图 7.6）。

套裁：如小型纸盒的盖与底，分别与盒的正、背面结合，这样可以上下套裁，节约纸张。

切口：为了美观，有时不想让纸板裁切后产生的断面暴露，可以把摇盖的开口放到盒子背面，并将摇盖和舌盖设计为一体，然后做 45°角的对折（见图 7.7）。

纸的纹理：纸张在机械化生产时，是按卷筒的方式进行，然后再按纸的开度裁切。纸的制造过程会使纸的纤维组织产生纵、横纹理，一般纸张在印刷机的压力下，通常向顺压的纵纹方向伸展，而在横纹方向上产生收缩。由于此原因，纸盒的不同方向折叠，要考虑纸张的纹理方向，以免造成合面的不平整，盒形走样与合不上口等现象的发生。有些纸张光洁度高，肉眼难分辨出纹理方向，通常采用按纸张的放置方向取下一小块样纸，然后刷上水，纸张受潮后会弯曲成 U 字形，沿弯曲方向的便是横纹方向，没有弯曲的就是纵纹方向。

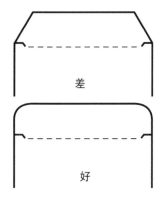

差

好

图 7.6
纸盒插舌制作示意图

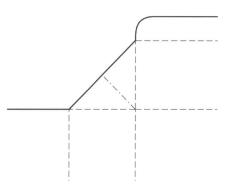

图 7.7
纸盒切口制作示意图

压痕线：纸张形成纸盒是通过折叠产生的，纸张一经曲折，本身就会产生向外和向内两个转折方向的面。通常向外方向的面在曲折处由于受到拉力会产生裂纹，也就是纸张的纤维遭到了破坏，纸张越厚破坏的程度越大。为了避免裂纹的产生，在生产时通常采用压痕的方法，使外向的角收缩变为内向的角，这样可使纸盒在转折时不伤及纸的纤维，并能保持弹性（见图 7.8）。

纸盒的固定：通常可以采用两种方法，一是利用纸盒本身的结构，在设计上使两边相互咬扣，这种方法外形美观，不用粘接或装订。但应考虑到尽量避免结构复杂的组接，否则在装入商品的过程中影响工作效率。二是指先将纸盒某些部分预先粘接好，虽然生产时多一道工序，但会提高使用效率。比如管式结构的自动锁底采取预粘的方法，使用时底部的工序被简化为零。打钉的方法则适用于弹性强，不易粘接的板纸或瓦楞纸等（见图 7.9、图 7.10）。

7.1.2 常态纸盒结构

常态纸盒结构是指纸盒结构中最基本成型方式，结构简单，使用方便，成本低，适合批量化生产，常态纸盒结构一般分为管式纸盒结构和盘式纸盒结构。

1. 管式纸盒结构

管式纸盒结构包装是较常见的包装形态，大多数食品、药品、日常用品的包装均采用这种结构形式。在成型过程中，盒盖和盒底都需要摇翼折叠组装（或粘接）固定或封口，而且多数为单体结构（展开为一整体），在盒

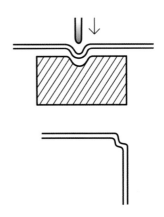

图 7.8
纸盒压痕线制作示意图

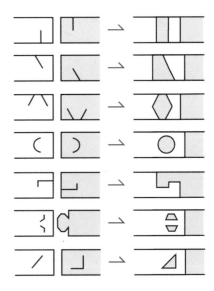

图 7.9
纸盒利用本身结构插接固定方式示意图

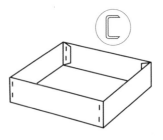

图 7.10
纸盒利用打钉方式固定示意图

图 7.11
管式纸盒结构示意图

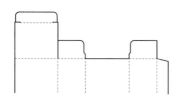

图 7.12
管式纸盒盒盖部分结构示意图

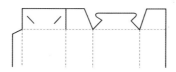

图 7.13
锁口式插接结构示意图

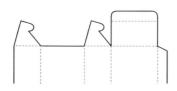

图 7.14
插锁式插接结构示意图

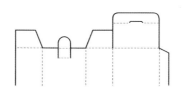

图 7.15
摇盖双保险插入式插接结构示意图

体的侧面有粘口，纸盒基本形态为四边形，也可以为多边形。管式纸盒结构特征的区别主要体现在盖和底的组装方式上（见图 7.11）。

　　管式纸盒的盒盖结构：盒盖的结构设计应便于组装和开启，既保护商品又能满足多次开启或一次性防伪等开启要求。主要有以下 8 种方式。

1）摇盖插入式

　　一般纸盒盒盖有三个摇盖部分，主盖有伸长出来的插舌，以便插入盒体起到咬合作用，应用最为广泛（见图 7.12）。

2）锁口式

　　锁口式结构是通过正背两个面的摇盖相互插接咬合，但组装与开启不如摇盖插入式方便（见图 7.13）。

3）插锁式

　　这种方式是指插接与锁合相结合，结构比摇盖插入式更为牢固（见图 7.14）。

4）摇盖双保险插入式

　　此方式使摇盖受到双重咬合，非常牢固，而且摇盖与盖舌的咬合口可以省去，更便于多次开启（见图 7.15）。

5）粘合封口式

这种粘合的方法密封性好，适合机器自动化生产，但不能重复开启。主要适合于包装粉状、粒状的商品，如洗衣粉、谷类食品等（见图7.16）。

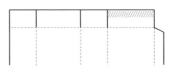

图7.16
粘合封口式结构示意图

6）连续摇翼窝进式

这种锁合方式造型优美，极具装饰性，但手工组装和开启较为麻烦（见图7.18）。

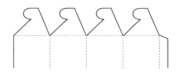

图7.17
连续摇翼窝进式结构示意图

7）正揿封口式

正揿封口是利用纸的弹性，采用弧线的折线，揿下压翼就可以实现封口。这种结构组装、开启、使用都极为方便，而且节约纸张（见图7.18）。

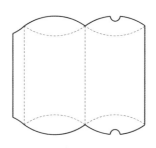

图7.18
正揿封口式结构示意图

8）一次性防伪式

这种结构形式利用齿状裁切线，在开启包装的同时不能复原，起到防止破坏商品、包装和利用包装进行仿冒活动。这种包装主要用于药品和一些小食品包装中（见图7.19）。

管式纸盒盒底的承重性要求较高，同时，在装填商品时，无论是机器还是手工操作，应该遵循结构简单和组装方便的基本原则，主要有以下4种方式。

a. 别插式锁底：利用管式纸盒底部的4个摇翼部分，使它们相互产生咬合关系。这种咬合通过"别"和"插"两个步骤完成，组装简便，有一定的承重能力，在管式结构纸盒包装中应用较为普遍（见图7.20）。

b. 自动锁底：自动锁底是采用预粘的

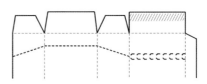

图7.19
一次性防伪结构示意图

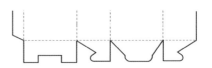

图7.20
别插式锁底结构示意图

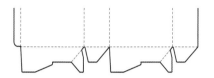

图 7.21
自动锁底结构示意图

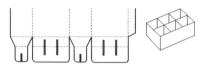

图 7.22
摇盖插入式封底结构示意图

图 7.23
间壁封底式结构示意图

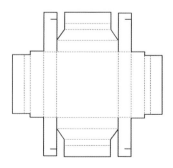

图 7.24
盘式纸盒别插组装结构示意图

方法，但粘接后仍然能够压平，使用时只要撑开盒体，盒底就会自动恢复锁合状态。特点是使用方便，省时省工，并牢固具有承重力，适合于自动化生产（见图 7.21）。

c. 摇盖插入式封底：其结构与摇盖插入式盒盖完全相同，这种结构使用简便，但承重力较弱，只适合盛装小型或重量轻的商品。

d. 间壁封底式：是将管式结构盒的 4 个摇翼设计成具有间壁功能的结构，组装后在盒体内部形成间壁，从而有效地分隔和固定商品。其间壁与盒身为一体，同时，增强了纸盒的强度（见图 7.22）。

除了以上纸盒结构形式以外，如锁口式、插锁式、粘合封口式、连续摇翼窝进式、正揿封口式等也经常应用于纸盒的结构设计。设计时应本着节约材料、方便使用和灵活适用的原则。

2. 盘式纸盒结构

盘式纸盒结构是由纸板四周进行折叠咬合、插接或粘合而成型的，主要结构变化体现在盒体部分。盘式纸盒一般不高，开启后商品的展示面较大，并且多用于包装纺织品、服装、鞋帽、食品、礼品、工艺品等（见图 7.23）。

盘式纸盒的成型方法有以下 3 种。

a. 别插组装：没有粘接和锁合，使用简便（见图 7.24）。

b. 锁合组装：通过锁合使结构更加牢固（见图 7.25）。

c. 预粘式组装：通过局部的预粘，使组装更为简便（见图 7.26）。

盘式纸盒的盒盖结构有以下 5 种。

a. 罩盖式：盒体是由两个独立的盘式结构相互罩盖而组成，常用于服装、鞋帽等产品的包装（见图 7.27）。

　　b、摇盖式：在盘式纸盒的基础上延长其中一边设计成摇盖，其结构特征较类似管式纸盒的摇盖部分（见图 7.28）。

　　c. 连续插别式：其插别方式较类似管式纸盒的连续摇翼窝进式盒盖（见图 7.29）。

　　d. 抽屉式：由盘式盒体和外套两个独立部分组成（见图 7.30）。

　　e. 书本式：开启方式类似于精装图书，摇盖通常没有插接咬合，通过附件来固定（见图 7.31）。

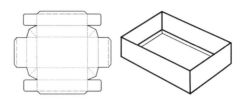

图 7.25
盘式纸盒锁合组装结构示意图

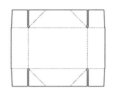

图 7.26
盘式纸盒预粘式组装结构示意图

图 7.27
盘式纸盒罩盖式结构示意图

图 7.28
盘式纸盒摇盖式结构示意图

图 7.29
盘式纸盒连续插别式结构示意图

图 7.30
盘式纸盒抽屉式结构示意图

图 7.31
盘式纸盒书本式结构示意图

7.1.3 特殊形态纸盒结构设计

除了上述的常态纸盒结构之外，由于纸张的丰富特性，纸盒成型的方法也多种多样，结构设计上的出奇制胜屡见不鲜。特殊形态的纸盒结构是充分利用纸的特性和成型特点，在常态纸盒结构的基础上变化而来。特殊形态纸盒结构的设计应注意以下三点：一是其结构尽量适应压平折叠；二是尽量减少粘接和插接；三是使用者是否可以在无指导情况下自行组装完成。

特殊形态纸盒结构设计的特殊性，可通过以下一些方式表现出来。

1. 异形

异形是在常态结构基础上通过一些特殊手法使纸盒结构产生变化，具体成型方法有：

通过改变折线来改变造型的手法（见图 7.32）；

通过改变盒体的体面关系的手法（见图 7.33）；

利用纸张特性产生弧形面的手法（见图 7.34）；

局部位置进行变化的手法（见图 7.35）；

利用内壁翻转的手法（见图 7.36）。

图 7.32
纸盒包装

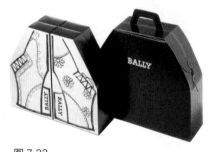

图 7.33
BALLY 包装 法国

图 7.34
纸盒包装

图 7.35
纸盒包装

图 7.36
纸盒包装

2. 拟态

拟态是指在包装形态设计上模仿自然界动植物以及人物造型的手法，通过几何化简洁概括，使包装形态更具形象力度、生动性和吸引力。拟态象形不是单纯地追求写真，而应强调神似。既要兼顾视觉功能又要满足实用功能（见图 7.37、图 7.38、图 7.39）。

图 7.37 纸盒包装

图 7.38
纸盒包装

图 7.39
纸盒包装

3. 集合式

通常利用一张纸成型，在包装内部自然形成与外界间隔的空间，可以有效地保护商品，提高包装效率。集合式包装主要用于包装玻璃杯、饮料瓶、灯泡等硬质易损的商品（见图 7.40）。

图 7.40
啤酒集合式包装

4. 手提式

该结构的最大特点是便于携带，在一些有一定重量的商品如集合式饮料包装、小家电、礼品类包装中常采用这种结构形式，并根据实际商品的重量要求合理运用纸张材料和结构。手提式结构通常有以下两种表现形式。

提手与盒体分体式结构：提手通常采用综合材料，如绳、塑料、纸带等（见图 7.41）。

提手与盒体一体式结构：利用一张纸成型的方法，低成本、易加工、应用较为广泛（见图 7.42）。

图 7.41
纸盒提袋包装

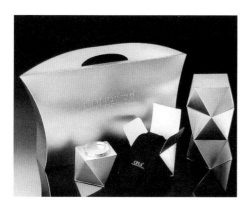

图 7.42
饰品包装

5. 开窗式

是指在包装盒上切出"窗口"，消费者可以通过"窗口"直接看到部分商品的内容，以增加消费者对商品的直观感受。"开窗"应该遵循三个基本原则，一是不破坏包装结构的牢固；二是不影响商品品牌形象的视觉传达表现；三是"开窗"形状与商品露出部分要与包装的整体视觉形式协调。通常在"开窗"的部分加上一层透明的材料，如塑料、玻璃纸等以保护商品（见图7.43）。

图 7.43
鲜花包装

6. POP 式

POP 为英文"point of purchase"的缩写，也称为售卖点广告，是随着超级市场的出现而兴起的一种商品销售与广告相结合的促销形式。POP 包装则是结合了商品包装与 POP 式广告为一体的包装形式，利用纸盒结构成型的原理和纸张的特性，可以达到良好的宣传效果（见图7.44）。

图 7.44
植物草料包装

7. 吊挂式

在超级市场出现之前，电池、文具、牙刷等小商品往往是摆放在柜台中进行销售，但在超级市场里，这些小商品在货架上如果摆放的位置和角度不理想容易被人忽略。因此，吊挂式包装应运而生，它使这些小件商品能够以最佳的位置和角度出现在人们的视线中（图7.45）。

图 7.45
剃须刀包装　日本

8. 易开式

易开式常用于开启方便的一次性包装，它通过在包装结构中设置齿状裁切线或易拉带的方式实现。这种方式密闭性好，使用方便，适于包装粉、粒状商品。如洗衣粉，或快餐和冷冻食品等。在设计开启的位置和方式时应注意以下几点：一是要求适合机械化生产；二是要求使用方便、易于识别；三是要求开启后尽量不影响和毁坏商品的品牌形象（见图 7.46）。

图 7.46
易开式纸盒包装

9. 倒出口式

倒出口式通常用于需要多次重复使用的商品包装，它通过纸盒自身设计出的可开合式出口一次取出定量的商品。倒出口式包装对商品的形态有一定要求，商品须具有较好的流动性，如液体、粉状物、颗粒状和小块状的商品。出口的位置可根据商品性质安排在包装的上部或下部，一般液体、粉状物的出口设计在包装上部，固状物的出口则安排在包装的下部。开口的结构一般可采取一体成型或分体成型，配件可利用其他一些材料如塑料、金属等（见图 7.47）。

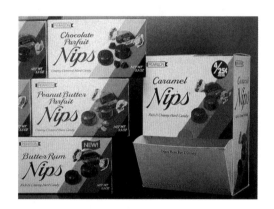

图 7.47
巧克力糖果包装　美国

7.2 容器形态与结构设计

包装容器形态和结构设计应基于对商品的保存、保护、运输、携带和使用等功能，还应关注如何提升其审美品质、个性识别，以及有效传达商品信息等内容。

7.2.1 容器造型设计原则

1. 商品特性把握

商品容器的材料选择和形态设计，需要充分考虑商品的属性和特性。例如，具有腐蚀性的产品就不宜使用塑料容器，多为使用物理性质稳定的玻璃容器，有些商品长时间的照射会加速商品的变质，应采用不透光材料或透光性弱的材料。还有啤酒、碳酸类饮料等产品具有较强的膨胀力，所以容器应采用圆柱体外形以利于力的均匀分散。像油脂等乳状黏稠性商品，如果酱、护肤用品、药膏等，开口要大些，以便于取用（见图 7.48）。

图 7.48
三得利酒包装 日本

2. 商品保护

容器对商品的保护不仅仅体现在防止外力的碰撞方面，还应做到使商品不易受到化学等物质的侵蚀。比如液态药品的包装，就要求密闭性强。香水、酒类等易挥发的商品容器，设计时要尽可能做到减少挥发，可采用减小瓶口的尺寸的做法。易变质的商品应采用锡箔纸真空包装的形式等（见图 7.49）。

图 7.49
自然身体香氛 巴西

图 7.50
咖啡饮料包装　日本

图 7.51
绝对伏特加　经典包装设计

3. 便利考量

容器的设计应注重对消费者携带和使用过程中的体贴和关怀，体现出容器使用的便利性也是企业通过产品展示其经营理念和树立企业形象的机会。在日常生活中常会遇到很难开启的包装，在设计时须注意对其的研究和分析，某种程度上方便携带和开启的商品会受到消费者的青睐（见图 7.50）。

4. 视觉美与触觉美兼顾

容器造型设计应该关注受众的视觉和触觉感受。容器造型的形式美法则主要体现在以下 5 点。

a. 单纯和谐，容器的形态要考虑加工工艺并与产品本身的特性相吻合；和谐而不失单纯。

b. 对比变化，容器的形态设计应考虑到自身的线性、体量、色彩等对比，并进行协调统一。

c. 节奏韵律，对容器进行机的起伏变化处理，是使容器造型产生有节奏韵律之美的方法之一。

d. 对称均衡，对称的容器形态给人庄重的感觉，均衡的容器形态给人灵巧的感受。

e. 象征联想，容器形态的象征意味，不仅能暗示商品的特质，还能使人产生丰富的联想。

构成容器形态的视觉美，是设计师在对产品内容的分析研究后的一种综合性艺术处理。

另外，商品拿在消费者手中时，其手感也应给人美的感受，正如不同的造型带来的不同视觉感受一样，不同的触觉感受，如表面的光滑、细腻或肌理起伏，也会传达出不一样的情绪与情感特征，同时，容器的材质也应与商品内容相适应，才可能构成触觉与视觉的统一（见图 7.51）。

5. 结合人体工学原理

容器设计还应考虑到人在使用过程中手或其他身体部位与容器之间相互协调适应的关系，这种关系主要体现在设计的尺度上。容器的形态设计要充分考虑到人手在拿握、开启、摇动、倾倒等完成动作的方便。如有些容器还根据手拿商品的位置在容器上设计了凹槽（见图 7.52），或进行了磨砂或颗粒感等肌理的处理。还有些小酒瓶的设计带有微弧形的扁平状，适合放在衣兜里携带，与人体结构相适应，因此受到旅行爱好者及体力劳动者的欢迎。

图 7.52
可口可乐包装 美国

6. 工艺材料选择

容器设计十分注意加工工艺与材料的选择，同时考虑产品内容的内在统一关系。包括材料与加工工艺的成本及操作的可能性。如果不考虑材料及加工工艺的特点，即使是再好的容器形态也可能难以制作或增加产品成本。这就要求一个设计师具备有关工艺、材料的一些基本常识，并养成主动与生产环节充分交流沟通的习惯，树立综合性考量的设计意识（见图 7.53）

图 7.53
Anavarza Bal 蜂蜜包装 土耳其

7.2.2 容器造型设计的思维方法

商品容器造型属于三维立体造型设计，因此建立多维度的思维与方法是特别重要的。

1. 体面起伏

容器形态设计，不应局限于在平面层面的进行变化，应注意到设计中采用具有空间感的起伏处理，形成高、低、前、后的体面关系，增强视觉的立体效果。这种起伏变化的处理方式应该考虑到不影响容器的容量和置放的稳定性，更不应失去与商品特性之间的和谐一致（见图 7.54）。

2. 体块加减

通过对一个基本的体块进行加法和减法的处理是获取新形态的有效方法之一。对体块的加减处理应考虑到各个部分面积的比例关系，以及层次节奏感和整体的风格协调。对体块进行减法切割可以得到更多的体面，往往采用的虽然是"减"法，实际上却得到了"加"的效果（见图 7.55）。

3. 仿生造型

自然界中的人物、动物、植物和自然景观等，均可作为进行设计时的参考。比如水滴形、树叶形、葫芦形、月牙形等，依照自然形或人造形来造型的设计手法，通常被称为仿生造型法，不仅是容器设计中一种经常使用的手段，更因其贴近人的生活而受到大家的喜爱（见图 7.56）。

图 7.54
玻璃柱节状器型　日本

图 7.55
酒包装　日本

图 7.56
蜜蜂爱　蜂蜜包装　中国台湾

4. 象形模仿

象形手法与仿生手法有所不同，仿生注重"神似"，象形则更注重"形似"。在容器形态设计中，既有纯粹的追求形似，也有对神似的抽象表达。通常将两者有机结合，既通过夸张、变形等手法增强容器的艺术趣味，从而丰富了容器的表现力（见图7.57）。

图 7.57
酒包装 法国

5. 肌理对比

运用不同的肌理效果进行对比可以加强容器的表现力和视觉的层次感，也可使人在触摸时产生不同的感受。例如，在玻璃容器造型中，容器器身使用磨砂或喷砂的肌理效果，但在品牌形象部分却保持玻璃原来的质感，不需要色彩表现，仅运用肌理的变化就可以达到突出品牌的效果（见图7.58）。

图 7.58
费雷男士香水包装 意大利

6. 通透变化

可以把通透变化视为一种特殊的"减法"处理手法，这种通透有的仅是为了体现造型的个性，有些则是具有实际功能，比如器身与提手的相结合（见图7.59）。

图 7.59
香水包装 法国

7. 变异手法

变异的手法是指在容器整体结构中进行局部的造型、材料、色泽的变化处理，变化的部分明显区别于容器整体造型，可以形成视觉的中心，类似"画龙点睛"，从而使整体富于变化和个性（见图7.60）。

图 7.60
香水包装 日本

图 7.61
享乐主义系列新款香水　法国

图 7.62
香水瓶形设计草图

图 7.63
香水瓶形设计效果图

8. 器盖处理

通常容器的盖部一般只起到密封的作用，这为小型容器的器盖造型设计提供了更多的空间和可能，通过精心设计，器盖部可以成为容器整体造型中的锦上添花之处（见图 7.61）。

7.2.3 容器造型设计的方法步骤

容器造型设计从创意、构思到模型的完成，整个过程须经过不断的修改和完善。一般要经过草案、效果图、模型制作和结构图绘制几个环节。

1. 草案和效果图

草案和效果图是快速便捷体现创意和构思的表现手段，应简洁、易改，可以不断地变换和完善想法（见图 7.62）。

效果图通常应表现出体面的起伏转折关系和大致的材质及色彩效果，类似于"速写"，要求快速、准确、概括，通常使用铅笔或钢笔，用水彩或马克笔等上色。具体使用什么工具，往往根据作者本人平时的喜好和习惯决定（见图 7.63）。

2. 模型制作

效果图是在平面空间里对容器造型的大致设想，对体面和空间的处理往往并不具体，因此就需要制作立体模型加以推敲和验证。制作模型的材料主要有石膏、泥料、树脂、木材等，其中以石膏的运用最为普遍（见图7.64）。

石膏模型制作的主要工具有大小圆口木刻刀、平口木刻刀、锯条、条刀、卡规、直尺、钢质刮片、乳胶、细砂纸等。如果是圆柱形，还需要有相应的电动转轮设备。

石膏模型的成型方法

a. 浇注成型法：用模具进行翻制或浇注成型，然后再细致加工。

b. 雕刻成型法：根据对象的体量，先用石膏浇注成大致基本形，然后再逐渐雕刻成型。

c. 模板成型法：用模板挤压处于潮湿状态的石膏毛坯，成型后再细致加工。

d. 转轮成型法：把石膏毛坯固定在转轮上，然后进行旋转切削加工，这种加工方法只适合于同心轴圆形容器的制作。

石膏模型的制作方法与步骤

a. 制作材料：用PVC或硬纸板围成圆或方形（根据对象的造型）平置于平板上，将水和干石膏粉按比例（一般为1∶1.2）掺和搅拌成糊状，搅拌时间以2分钟左右为宜，以便充分排出气泡，然后将石膏浆倒入围圈中，待石膏浆凝固后，打开围圈，取出料材。

石膏一经与水搅拌后，不宜再加入石膏粉，否则易出现结块，如果发现石膏浆过稠，可加入少许水快速搅拌。

b. 切割大样：根据容器造型特点将料材大致切割成形体大样，大样要求比实际的容器尺寸略大，以便留有加工余地。

图 7.64
香水瓶形设计石膏模型

　　c．细致雕刻：这个过程应该从方至圆，从大到小逐渐进行，不可急于求成。根据不同的造型特点运用不同的工具，采用刻、刮、切等不同手法，由粗至细。较为复杂的造型，也可采用分段制作的方法，比如盖、颈、体等部分分开制作，完成后再用乳胶粘接为一体。

　　d．修补打磨：雕刻过程中的失误和气泡孔，以及粘接的痕迹，应重新调制少许石膏浆修补，表面不光洁的部分应使用细砂纸打磨。

　　e．效果加工：根据容器设计的色彩效果和质地，可进行喷涂、上光及贴烫电化铝等装饰手法，使其更加逼真直观。

3. 结构图

　　结构图一般为三视图，即正视图、俯视图和侧视图。有时根据需要还应表现底部平视图和复杂结构的剖面图。结构图是容器定型后的制造图，因此要求准确严格，应按照国家标准制图技术规范的要求绘制。图中的粗线表示轮廓线，细线表示尺寸标线，虚线表示不可见轮廓线，点画线表示轴心线，齿状波线表示断裂处线等（见图7.65）。

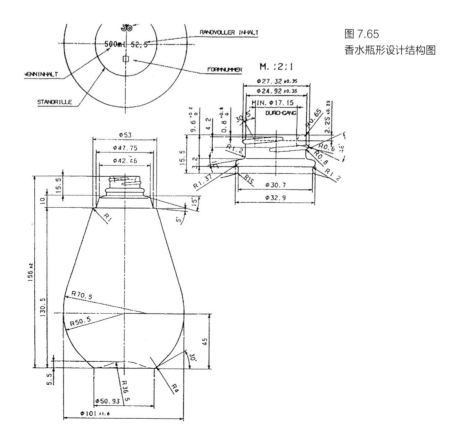

图 7.65
香水瓶形设计结构图

本章思考题

如何根据商品属性选择恰当的包装材料和工艺?
容器造型设计的基本原则及造型法则是什么?
纸盒结构设计重点体现在哪几个方面?

第 8 章　元素与编排

教学安排

课程名称	《现代包装设计》八 —— 元素与编排
课程内容	品牌形象及商标、图形、色彩、图表设计与编排设计
教学目的 与要求	了解包装设计在商品品牌形象力形成过程中的重要地位，掌握包装设计视觉元素的创意、设计以及编排的原则与方法，具备根据商品内容独立完成包装设计的能力
教学方式 与课时	讲授与实践作业辅导相结合，讲授 8 课时；作业辅导 24 课时
作业形式	完成纸包装视觉设计一系列（3 件以上）
参考书目	范鲁斌编著. 商标设计与品牌崛起 [M]. 北京：知识产权出版社，2007 张鹏、王志敏主编. 版式编排设计 [M]. 北京：印刷工业出版社，2009 刘春明主编. 版式设计 [M]. 成都：四川 美术出版社，2011

8.1 品牌形象

品牌形象是指品牌外在的、具象的、可感知的部分，主要包括品牌名称、标志与图形、标准字、标准色、包装、广告等，容易被消费者感知，直接造成视觉、听觉上的冲击，是所有品牌建立初期采用的要素。

8.1.1 品牌内涵

1. 品牌的含义

美国广告人大卫·奥格威在《一个广告人的自白》书中指出：“这个世界充满了品牌，品牌是我们生活的一部分。”

一种观点认为“品牌是一种资产”。美国经济学家亚历山大·拜尔讲道：“品牌资产是一种超越生产、商品及所有有形资产以外的价值……品牌带来的好处是可以预期未来的进账远超过推出具有竞争力的其他品牌所需的扩充成本。”可口可乐公司前总裁罗伯特直言：“最险恶的条件下，可口可乐工厂可能被火灾、地震、水灾毁灭，可口可乐公司可能被金融风暴破坏，但只要还有可口可乐品牌，就马上有银行给我们贷款，我们还能重新开始。因为我们的资产不是工厂或公司，而是可口可乐这个品牌。”

另一种观点认为“品牌是一种关系”。美国营销专家阿尔文·托夫勒在《权力的转移》一书中提道：“没有人是冲着苹果电脑公司里面的机器来购买它们的股票的，真正值钱的不是苹果公司的办公大楼或者设备机器，而是其营销业务兵团的交际手腕、人际关系实力与管理系统的组织规模。”联合利华董事长迈克尔·派瑞也认为：“品牌是消费者对一个产品的感受，它代表消费者在其生活中对产品与服务的感受而滋生的信任、相关性与意义的总和。”

还有一种观点认为“品牌是一种符号”。美国营销学家菲利普·科特勒认为：“品牌就是一个名字、称谓、符号或者设计，或是上述的总和，其目的是要使自己的产品或服务有别于其他竞争者；”品牌专家大卫·艾格进一步支持了这种说法，他认为"一个成功的符号或者标志，能够整合与强化一个品牌的认同，并且让消费者对这个品牌印象更加深刻……可能会替这个品牌奠下成功的基石。"

2. 品牌的核心要素

总体而言，品牌的核心要素大致可以归纳为显性与隐性两个层面，显性的品牌要素是指品牌形象，隐性的品牌要素包括品牌承诺、品牌个性和品牌体验。

根据麦肯锡的一项调查结果显示，一提到"苹果"的品牌，大约有73%的消费者联想到"被咬了一口的图案"，其次是"触屏手机"（58%）、"笔记本电脑"（51%），然后是"高品质"（44%）、"时尚设计"（41%）、"简约"（40%）、"美国"（34%）、"昂贵"（32%）、"乔布斯"（32%）等信息。这一结果说明消费者对苹果品牌的认知偏向于显性的品牌形象。据考证，品牌一词最早来源于英文单词"brand"，本意是指欧洲古代牧民为了区别马、牛、羊等牲畜的所有者，用烙铁在牲畜蹄子上面烙下印记，可见最初的品牌是视觉化的印记。随着经济的发展、商业的繁荣，企业间的竞争已经跨越了商品的数量、质量，而演变为美国营销专家艾尔·里斯所言的那样"谁能在消费者的脑海里占据一席之地"。那种期待依靠一个图形或者一个名称的设计已经无法使消费者认同一家企业，抑或区分一件商品，只有将品牌的名称、意义、设计，以及产品、包装、广告与服务、销售、传播等市场行为最大程度地整合起来，品牌才是完整的，才能真正成为企业的一种无形资产，形成一条连接与消费者之间的纽带。

品牌承诺是企业对消费者在商品品质方面的保证，需要企业始终如一履行诺言。品牌个性就像人的个性一样，它是通过品牌传播赋予品牌的一种心理特征，是品牌形象的内核，它是品牌使用者个性的类化，它创造了品牌的形象识别，使我们可以把一种品牌当作人看待，使品牌人格化。品牌体验强调的是商品多次使用以后带给消费者的过程感受。如果品牌使用过程带给消费者不良的经历，必然使得品牌受挫乃至夭折。而优秀的品牌使用过程能改变消费者对于产品的情感，成就企业一种无形的价值。

从某种角度讲，消费者才是品牌的最后拥有者。因此，品牌承诺、品牌个性与品牌体验是品牌内涵的因素，存在于品牌的建设、传播、管理的过程中，是品牌长久生存的核心要素。

8.1.2 品牌的形象力

品牌形象包含了商品与所有外在因素的总和，成为影响市场竞争的产品力、销售力之外的第三股重要力量，即"品牌形象力"。商品的品牌形象力在以下几方面发挥着重要作用。

1. 强化品牌差异

市场上商品众多，经常让消费者在选择时无所适从。商品的品牌形象力给商品定制了一套识别系统，用标志、名称、广告、包装等不同手段建立起商品彼此之间的差异，使消费者能够方便、快速地找到目标。同时，品牌又不仅仅是一套名称、标志、图形，它还涵盖了商品品质、品牌个性、使用体验等方面的内容。在企业与消费者之间，品牌充当了沟通与交流的渠道。消费者通常通过品牌来筛选商品及生产商，然后依据自己的诉求选择商品。

2. 助推消费者购买决策

一个优秀的品牌，通常意味着高品质的承诺、良好的售后服务和美妙的使用体验，因此优秀品牌更容易取得消费者的信任和认可。在选购大件、耐用消费品上，消费者往往要搜集较多品牌的信息，从中选择更具实力、有良好信誉的产品。越是贵重、复杂、耐用的消费品，消费者对于品牌的认知程度就越高。例如，市场上众多可供选择的饮料，口味、功能、产地、价格不一，消费者在选择时往往非常谨慎，如果有了品牌的引导，这一切就会变得快捷而简单。美国庄臣公司董事长 J. 莱汉总结道："如果在消费者心中了解和信任了庄臣品牌，这将有助于他在购物时更轻松快捷地决定购买我们的产品。"

3. 满足消费者心理诉求

在商品品质趋同的今天，消费者不仅只关注商品的使用价值，而更加看中商品的品牌形象。一个良好的品牌形象，不仅代表着优秀的产品品质，更带给消费者一种心理满足。这种满足感可以体现在身份、价值观、消费档次、社交群体、社会阶层等方面。可口可乐公司的内部营销教材上写道："我们的产品就是水和糖浆的混合剂，如果不建立品牌形象，谁还会购买我们？"的确，年轻的朋友之所以喜欢可口可乐，是因为可口可乐通过广告、包装等一系列营销手段营造的"年轻、健康、快乐、热情"的品牌形象，这一形象代表着一种生活态度和生活方式。

8.1.3 品牌与包装

1. 强调品牌意识

包装是企业与消费者沟通的桥梁，不论是超市的商品货架，还是电子商城的商品展示页面，包装都在唤醒消费者对于品牌的认识与记忆。品牌偏好和品牌好感度也能成为消费者喜欢商品包装的原因之一，心理学的调查数据证明，消费者对于品牌的好感度每增加1个百分点，在商品包装上的视觉停留时间可能增加30秒，而一个快速消费品的购买决定通常不超过30秒。也就是说，具备品牌好感的商品包装更受消费者欢迎，更容易促成购买行为的发生。

2. 突出品牌个性

商品包装一般包含品牌商标、商品名称、标准色、使用说明和成分构成等信息，这些内容有利于消费者快速识别商品，形成全面的品牌认知，进而与竞争品牌区隔开来，建立起个性化的品牌印象。不难发现，可口可乐的易拉罐、吹塑瓶大都设计成红底白字的视觉外观，百事可乐的易拉罐、吹塑瓶大都设计成蓝底白字的视觉外观，这种红与白、蓝与白对比鲜明的色彩搭配，强烈地突出了可口可乐和百事可乐的品牌个性。

3. 彰显品牌形象

商品包装的视觉外观是否与消费者的购买定位相吻合，外形与结构设计是否科学合理，是否采用了环保可降解材料，是否有利于消费者的开启与再次利用……这些包装设计时要考虑的内容体现了企业品牌的实力，构成了消费者消费体验的重要因素。是否具有良好的包装视觉外观、科学合理的使用方式，是否采用了绿色环保材料、便于回收利用等特点，往往成为消费者评价商品品质的主要指标，也是建构品牌形象的重要组成部分。而商品包装设计细节上任何一点的不合理的表述都可能会影响消费者的体验，进而影响消费者对于品牌的好感和评价。

8.2　商标设计

在人体的感官中，视觉认知在感受外界变化的过程中占据主要部分。对于商品而言，消费者获取商品功能、品牌、属性等信息的途径主要依赖视觉，换言之，能否打动消费者并使其产生购买行为，主要在于商品的诸多信息能否通过视觉要素恰当地呈现出来，并被消费者认同。

包装设计的视觉元素是品牌及商品信息的承载者，包装设计的策划、定位、创意都会落脚在视觉元素的选择与表现上，同时，包装设计的视觉元素整体上会形成品牌印象。在销售环境中，消费者对品牌及商品的认知主要通过视觉元素的综合作用而形成。在视觉元素设计中，要处理好商品属性和商品差异化诉求的关系，以及各元素之间的视觉统一。同时，视觉元素也是构建包装设计视觉语言的基础，一般包括商标、图形、色彩、文字及信息图表等。

8.2.1　商标的内涵

据《现代经济词典》的解释，商标是由文字、图形、字母、数字、三维标志和色块组合等构成的，以区别不同商家生产或经营的同一或类似商品的可视性显著标记。商标是现代经济的产物，在现代商业活动中，商标的视觉组成元素，如文字、图形、色彩等均可作为商标申请注册。经国家工商部门核准注册的商标为"注册商标"，受法律保护。商标通过法律确保商标注册人享有用以标明商品或服务，或者许可他人使用以获取报酬的专用权。商标注册人通过商标在商业活动中得到认证，以保证其生产和经营活动，保障合法的商业运行。商标保护可以防止他人仿冒，使从事正当生产经营活动者在公平的条件下进行商品和服务的生产与销售。

商标是适用于商业活动及商品的标记，是品牌形象及企业视觉形象系统的核心，是指企业、事业单位和个体工商业者为区别其商品或服务而使用的标识。商标使企业、商品区别于竞争对手，是消费者识别企业和选择商品的主要判断依据。企业的一切公共关系、商品包装、促销和广告均围绕商标而展开。

商标分为企业标志和商品标志。企业标志是指代表企业或经营者经营理念、营销行为的标志，区别于商品不同制造商而设计的。一个企业可生产经营多种产品，不同类的产品可以使用不同的商品标志。企业标志和商品标志既相互独立又存在一定的内在关联。企业发展到一定规模，由于产品不同，并且各自诉求定位不同，因而也会采用不同的商品标志。而有的企业标志和商品标志一致，也会有利于强化消费者的识别和记忆，形成品牌的整体性和信誉度。

1. 功能

1）传达商品信息

商标作为一种直观、高度凝练的视觉符号，不仅能够传达商品的名称、产地、性能、价格等基本信息，还可以将商品包含的抽象的企业文化、精神可视化。商标传达的各种相关信息借用形态丰富的图形、字体、色彩等视觉元素，运用夸张、比喻、暗示、戏仿等手法代替纯文字和语言表达，凸显了商标作为符号的"能指"和"所指"意义。

2）创造商业价值

商标是品牌文化和精神的象征，在商品销售环节和过程中，直接关系到商品的形象力和由此形成的竞争力，当商标已成为知名品牌形象的视觉标记后，其意义显得更为重要。今天，在很大程度上，消费者主动追求名牌，不仅体现了一个时期的时尚风潮，同时也说明了商标自身也能够创造无形资产与价值。

3）留下良好印象

商标是企业和商品宣传活动中的核心元素，广泛应用与于产品销售的每个环节。商标的构思与形态会直接影响到消费者对其所代表的企业和产品的认知和认同，并因此形成印象和评价。消费者凭储存的商标的某种信息，在购买时往往会联想到商标所代表的商品品质和企业实力，良好的商标印象，会增强消费者的购买欲望和行为。

4）美化商品形象

商标通过美的视觉形象展示商品的质量和特质，因此，原则上应遵循艺术表现的形式法则和规律，在诠释商品信息的同时，增加商标的视觉感染力。从而体现广大受众的审美诉求，并符合时代特征和消费者的审美趣味。商标设计得好坏会直接关系到企业和商品的信誉，以及身份与品旨，同时也提升了商品的美誉度。

8.2.2 商标的分类

1．图形商标

因图形内在的表意功能，商标的表现常以图形作为主要设计元素，具有直观、客观、信息传达准确、便于识记等特点。

商标图形的处理手法可分为具象图形表现和抽象图形表现，其中，具象图形是在忠实于客观形象的视觉特征基础上的概括、提炼、变形而来的图像样式，具有易于识辨的特点，常用于品牌名称或属性较易于归纳到具有典型特征、可视的具体对象的情况。具象图形商标常用的表现手法有矢量表现、插图表现和摄影表现等（见图 8.1、图 8.2）。

抽象图形表现是指以经过高度提炼、概括的视觉符号传递商标内涵的图形样式。商标中的抽象图形可以是几何形，也可以是意象形。抽象形的商标代表了某种与品牌或商品相关的特殊意义，虽然不具备可供识辨的具体物象特征，却可以强化视觉形象的直观属性，多用于不适合具象图形表现的内容，更接近商标的功能本质。抽象形的商标，由于独特意味的阐释，使得形象所承载的特定意义得以强化，与品牌之间的关联性也越加显著（见图 8.3、图 8.4）。

图 8.1
苹果公司商标 美国

图 8.2
世界自然基金会徽标

图 8.3
思科公司商标 荷兰

图 8.4
西安广播电视台标志 中国

2. 文字商标

以文字作为元素的商标，含义明确、易于识别和理解，具备了视觉传播的先天优势。通常运用变形、连接、装饰、重构等艺术手法，形成兼具艺术性和实用性的视觉符号。在文字商标的实际应用中，以汉字和英文最为常见。时至今日，汉字已发展成为一个以形、音、意为典型特征的完备的文字系统。鉴于汉字象形、形声、会意的特征，根据设计需要，将文字以图形化、符号化的手法表现理念，以产生了特定的含义。同时，汉字商标，也往往以浓郁的民族特色而具备了特有的吸引力和文化内涵（见图 8.5、图 8.6）。

英文字母在世界各地拥有统一的形态和读音，用英文字母作为标志设计的表现元素，使商标的展示和传播具有了明显的国际化特征。英文字母形式简洁，具有几何化特征，易于夸张、变形、解构、重构、重叠等多种造型手法的应用。对英文字母进行设计，改变、强化局部的造型，并结合具有象征意义的形态表现，以及单个字母、名称缩写，或者一个单词、几个单词作为商标的基本设计元素，是商标设计中常见的手法（见图 8.7、图 8.8）。

图 8.5
中国银行标志 中国

图 8.6
国家图书馆标志 中国

图 8.7
联合利华集团商标 荷兰

图 8.8
可口可乐公司商标 美国

3．数字商标

　　以阿拉伯数字为主要设计元素的商标，除了某些企业、机构、品牌需要外，常见于与数字相关的主题性事件，如连续性的赛事，以及周年庆典等活动。以数字构成的商标，字是设计表达的主要信息，数字本身信息明确，形态可识性强，造型上易于做出多种变化，尤其是数字本身具备的谐音特点，受到人们的青睐，并乐于应用（见图 8.9、图 8.10 ）。

图 8.9
7–11 便利店商标　日本

图 8.10
F1（世界一级方程式锦标赛）商标

4．图文商标

　　图文商标是指以非文字图形与文字结合的表现形式，两者之间互为补充，互为依托，互为作用，某种程度上，丰富了商标的表现内容和视觉形式，进一步扩展和延伸了主题的诠释空间。商标的形态无论是以图为主，还是以数字为主，其间的关系呈现，是由信息传达的目的和诉求来决定的（见图 8.11、图 8.12 ）。

图 8.11
必胜客商标　美国

图 8.12
全国广播公司标志　美国

5. 动态商标

伴随着科学技术与传播方式的变化,以及大众审美的多元化趋向,商标的设计理念不断更新,视觉形式日趋多样。商标的系列化、动态化表达体现了时代的体征和需求。新的表现形式的目的,反映了信息时代,信息繁杂呈碎片化状态下,企业对自身信息个性表达,形成视觉冲击力的强烈诉求。

例如,2000 年德国汉诺威世博会的标志(见图 8.13),动态的造型,给人耳目一新的感觉,切合了世博会"人、自然、技术"的互动主题。美国麻省理工学院媒体实验室的标志(见图 8.14),三个色块的基本元素进行数字化的组合,形成了丰富延展、富有创造力的品牌效果。墨尔本城市品牌形象(见图 8.15),"M"大量的数字化设计形式表达,以适应墨尔本城市的多元、创新的品牌定位,使得"M"外形内的点、线、面构成元素和多样色彩表现更多样,最终形成了墨尔本城市独特的数字化的城市品牌形象。

图 8.13
汉诺威世博会标志 德国

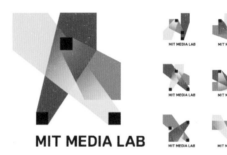

图 8.14
MIT 媒体实验室标志 美国

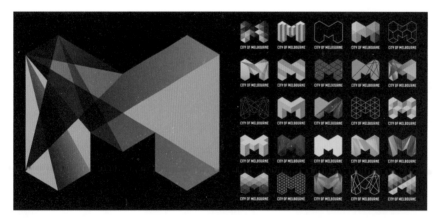

图 8.15
墨尔本城市形象标志 澳大利亚

8.2.3 设计方法

1. 基本原则

1) 构思深入、形式精练

将创意意图到设计实践，这一过程通常称为构思，也就是进一步细化设计方案，通常贯穿于设计的始终。在设计中要选取恰当的设计元素，并以简洁生动、单纯凝练的形式表达主题，需要对所设计的对象有较为深入的调研分析，进而提炼出恰当的形象，以到商标个性化的表达。设计形式、风格的简洁、概括并不等于简单，形简而涵丰、一形多义是优秀商标的共同特征。

2) 立意新颖、坚守原创

商标不仅要具备独辟蹊径和标新立异的立意，还应具备独特的视觉形式与鲜明的个性特征，并须树立专有、专用和法律意识，特别注意的是，商标的形态要明显区别于市场上同类和其他类产品的商标。商标设计应提倡原创与创新，杜绝雷同、模仿和抄袭。这不仅是对设计的基本要求，同时也是商标申请注册时必备的条件之一。

3) 形象美观、易于识别

商标是以视觉语言形式构成的识别符号，其形式的构成蕴含了美的法则和规律，从形式美的角度，要做到造型生动、美观且具有较强的艺术感染力。设计师通常采用夸张、重复、象征、寓意等艺术手法，充分挖掘与发挥视觉美的表现力。具备形式美的商标设计，可以增强受众的好感和认同，吸引消费者视线和主动识别，同时，美好的印象更便于记忆和传播。

2. 构思

1) 基于民族文化

商标代表的是企业理念与商品个性，并能体现地域性文化,在商标设计中，明晰企业及商品的文化归属，是商标设计过程中重要的思维路径。民族文化内涵体现的是一个地理概念中一定范围内所共有的文化观念，是对特点、气质、理念等深层次特征的阐释与拓展。不同的地域有着不同的地域文化特征，有了对地域文化的深刻了解，才能将文化元素和内涵融入商标中（见图8.16、图8.17）。

图 8.16
杭州城市标志 中国

2）迎合时代特征

当今时代背景下，随着人们生活水平的快速提升，多样性诉求，以及新技术的进步提升，成为时代文化的基本特征。人的生活方式与消费观，物质与精神文化需求的改变，以及大众审美趣味的变化，影响了企业经营方式。因此，在商标设计中，我们必须与时俱进，以符合时代特征的视觉形式，鲜明的时代气息，塑造企业及品牌的形象（见图8.18、图8.19）。

图 8.17
中国联通商标 中国

3）体现信息要素

商标设计需要对企业及产品进行广泛详细的调研，其中所涉及企业及产品的任何信息都有可能成为商标设计的创意和构形基础。信息要素主要包括企业文化理念、产品造型及属性、企业与产品名称、企业历史及地域、销售对象及诉求等（见图8.20、图8.21）。

图 8.18
谷歌商标 美国

3. 程序

商标设计的程序一般分为调研分析、要素提炼、创意构形、修正完善等步骤。

图 8.19
PayPal（贝宝）公司商标 美国

图 8.20
汉堡王快餐企业商标 美国

图 8.21
京都念慈庵商标　中国香港

1）调研分析

调研分析是通过市场和与商标设计相关信息的调查和研究，在总结企业经营理念、行业属性、产品结构，以及市场上相关品牌产品信息的前提下，对商标受众需求及使用环境的进一步明晰和判断，是进行商标设计必要的前期准备工作。

2）要素提炼

要素提炼是指在调研分析的基础上，有针对性地确定商标所要体现的精神与风格，也就是企业文化理念及对市场期望值的综合表现。进而提出符合以上诉求的视觉元素，即图形、文字、色彩的取向，为下一步的商标设计的展开奠定基础。

3）创意构形

创意、构形两者相辅相成，创意既体现了对构形的指导意义，同时也是修正商标形态的依据。构形既是对创意的理性关照，也是完善创意的视觉体现。依据对前期工作的理解及以上原则，共同决定了商标的精神内涵和形态风格特征。

4）修正完善

修正完善是在收集相关各方意见的基础上，对商标设计方案进行筛选和进一步修改确定的工作。既是对其设计艺术形式、风格的评价，同时也是对商标作用的预期评估。包括对体现总体目标定位的准确度检验，以及和商标设计细节的调整完善。

8.3 图形设计

图形、文字、色彩是包装设计的视觉要素，图形是视觉传达的核心，文字、色彩均结合图形体现。图形直观、生动、易识、易记的视觉特点使其具有识别性、说明性和释义性，不仅是吸引消费者的目光的重要因素，也是塑造商品个性，彰显商品品位的载体。

同时，图形作为一种视觉艺术形态，具备吸引关注、唤起感动和联想的功能，其基于相关商品信息传递基础之上的巧妙构思和表现，将起到帮助企业建立品牌及商品良好的市场形象及社会形象的作用。

8.3.1 图形表现内容

1. 再现商品形象

再现商品的形象，指的是采用实物照片、写实插画等手法对商品形象进行艺术处理后直接呈现在包装上，使人一目了然。常常用于重在表现新鲜美味、真材实料的食品饮料包装上，使消费者能够快速了解商品的外形、材质、色泽、口味等信息，营造直观、真实的感受（见图8.22）。

图 8.22
咖啡花茶包装

2. 提示材料属性

在包装上采用提示商品和包装材料形象的做法，不仅有助于消费者对商品特性和包装用材的了解，同时还能起到迎合消费者对健康、安全、环保等的心理诉求。特别是与众不同或具有特色的原材料呈现，有利于突出商品的功能、个性及产品生产企业的社会公共意识。

图 8.23
维特罗斯酒包装中的图形表明
了产品的制造悠久历史　英国

图 8.24
眼镜包装　加拿大

图 8.25
酒包装　法国

3. 展示成品形象

以商品的完整形象作为商品包装上的图示，可以满足消费者对产品的终极诉求。其"联结"的作用和意义，能够加快消费者心理认知的进程。例如，半成品食品包装就存在以组合后或烹饪后的形象展示，甚至有的服装包装，以穿在人身上的效果来展示。

4. 呈现产地风貌

对于具有强烈民族、地域特色的商品，承载着众多的传统、历史及个性信息，其产地往往被看作是商品品质和特色的象征。包装中的视觉图形也经常取自于商品产地的特殊人文和自然景观，或文化及物质元素，目的是强调商品的独特性（见图 8.23）。

5. 体现消费诉求

在包装设计上置入消费者形象，可以拉近商品与消费者之间的距离，特别是那些不适合直接用商品自身形象表达的商品，借助消费者形象、动作、表情，有助于消费者对商品特性、性能、用途等的了解，增加亲切感和可信度。另外，包装上直接采用目标消费者形象以及再现消费者使用场景，也会使包装在反映商品使用状况的同时，更容易吸引目标消费群的关注和认同（见图 8.24、图 8.25）。

6. 强化品牌形象

　　品牌是商品形象传播过程中的身份象征，不仅是商品形象宣传的需要，同时，也是现代市场经济和市场竞争规范化的产物，品牌形象力的建构已成为现代企业发展的核心内容。利用品牌或商标作为包装中主要的视觉元素，可以强化消费者对商品品牌的认知与记忆（见图 8.26）。

图 8.26
食品包装　挪威

7. 示意使用方式

　　根据商品的使用特点，在包装上以图展示商品使用的方法和程序，是一种宣传商品的有效手段，既方便消费者直接了解商品使用规范，又会给人留下贴心的印象。例如，一些小家电或新型商品往往在包装上用图形与文字配合的形式展示商品的使用方法及其过程。

8. 装饰美化商品

　　利用装饰性图形纹样美化商品或包装，可以增强包装设计的形式感，使商品包装形象更具独特的艺术韵味，是包装设计中不可或缺的表现手法，可直接对商品进行装饰味道的美化，也可作为辅助图形使用。如在传统、土特产和文化用品的包装上施以具象或抽象的民间图案，利于突出商品的文化属性和民族地域特征。

8.3.2 图形表现基本原则

1. 传达准确

图形作为一种视觉语言，信息表述的清晰度和准确性是首要任务，也是进行图形设计的基本要求。包装中的图形肩负着有效传递与商品相关信息的责任，也决定了设计水平的优劣。包装设计时首先要根据传达的目标和目的，明确传达的信息内容，以及信息主次的逻辑关系，做到具有针对性的清晰、准确和有效地传达（见图 8.27）。

图形的多义性解读与文字对信息的表达存在差别。同样一个图形，由于观者的个人经历、阅历及环境语境等多方面的不同，会产生不同的解读。相较文字而言，图形在信息表达时既有正面的引导意义，也可能引发歧义。以此，在创作图形时须考虑潜在的可能含义，避免干扰消费者的认知。

图 8.27
化妆品系列包装 瑞典

2. 易于识别

图 8.28
拉巴特·蓝·比尔森 酒包装 美国

消费时代，同类商品之间的竞争越发激烈，缺少个性的包装很容易淹没在商品海洋之中。包装作为首先进入消费者视线的商品宣传媒介，历来是受众关注的焦点，包装上的图形不仅肩负着表达商品基本信息和突出商品个性的功能，同时也承载着树立品牌形象，彰显商品个性的责任。通过图形设计，可以让消费者对商品的基本属性进行识别，也可对同类商品的不同品牌进行辨识。换言之，图形的辨识度越高，就越易于受众的识别（见图 8.28）。

3. 符合规范

包装作为大众消费品的外衣，自然成为当代视觉文化的重要组成部分，因而在传达信息的过程中也必须遵守相关的法律法规，自觉维护公众的权益。所谓规范，既要执行国家相关部门制定的法律法规，也要尊重不同国家、民族、宗教、文化习俗和宗教信仰，这就要求进行图形设计时必要充分考虑到以上因素，例如，很多国家都规定在香烟盒上出现吸烟有害健康的图形，并规定了图形的内容、位置以及尺寸。此外，图形作为包装上宣传商品的重要元素，也不得有意含有虚假宣传的成分（见图 8.29）。

图 8.29
香烟包装 日本

8.3.3 图形表现形式

1. 具象

具象图形通常用于表现商品本身或与商品相关的具体信息，能够使消费者形象的感受商品的面貌、材料、使用状态、产地环境。例如，方便面包装上冲泡后的效果图；橙汁包装上的橙子形象；葡萄酒瓶贴上的葡萄酒庄园形象等。除此以外，如形象代言人的形象出现在"耐克"包装上等。

具象图形的表达方式多种多样，一般采用实物摄影，或写实绘画等形式，较之摄影，绘画具有更自由的表现形式。写实绘画手法表现的图形原则上不受现实客观物象的束缚，可以客观反映形象，也可在充分发挥想象力的基础上，以客观物象为素材，表现现实生活中不可能出现的形象和场景，运用夸张、变形等手法，对所要表达的对象加以取舍，使之更具艺术感染力（见图 8.30）。

图 8.30
Somerfield 汤料包装以写实具象手法表现产品属性 英国

图 8.31
食品包装　瑞典

图 8.32
古井贡酒年份原浆　中国

2. 抽象

相对具象而言，图形的抽象表达在包装设计中也是常用的方式之一，是指以点、线、面的形式的而形成的图形样式，不是客观事物的再现，是客观元素的抽取、重组和凝练，重在代表性、典型性的表现。强调以非客观、非具象的形态表现力形成视觉上的抽象美，这不仅可以丰富对客观的表达形式，更重要的是所形成的形态多角度强化了商品的属性和特点，给人以符合商品内在意蕴和精神的艺术感受，其造型简洁、个性突出的视觉语言使人联想丰富，耐人回味（见图 8.31、图 8.32）。

3. 混合

包装设计中的图形设计，可根据设计的目的和需要，进行多种视觉元素的并置与组合，包括具象与抽象、有机形与偶然形的混合使用，还可将设计过程中偶然形成的、不规则的自然形态合理运用。由此可见，为了实现包装设计的目标和目的，应积极倡导设计形式手法的尝试与创新。以最佳的视觉语言表达商品的属性和特质，利于商品的销售和效益，提升品牌形象和公共意识。

8.3.4 图形表现手法

1. 摄影

摄影是常用的表现商品客观形象的手法，有研究表明，人对于图像的记忆速度比文字快 4 倍。用照片展示商品外观，说明商品功能，传达特点优点，集中体现商品核心部分最为直观可信。比如食品的包装，可以明确呈现食品的新鲜、重量、样态等特征。照片的内容可以是说明性的，明确地告诉消费者包装中的商品是什么，也可以是隐喻性的，运用一种直接的方式快速表现品牌承诺，吸引并维系消费者的注意力，凝结一种感情或情绪，满足一种欲望或需求。摄影内容、风格、色彩、图片处理方式需要与商品的品牌定位、价值、风格相关联（见图 8.33）。

图 8.33
八喜冰激凌包装 美国

2. 卡通

随着动漫艺术的流行，卡通这一原本出现在影视及绘本中的艺术形式逐渐影响到商业领域，它以最为接近平民的审美趣味，以简御繁、夸张通俗的表现形式得到认可并流行，尤其是青少年一代消费群体。通常通过虚构、变形、比喻、象征、假借等不同手法，以图述事，尤其它的幽默、谐趣、可爱的形象，为我们注入了更多的情趣，因此在商品包装中得到广泛应用（见图 8.34）。

图 8.34
巧克力 意大利

3. 插画

插画是指解释文字内容的图画，它的功能属性体现在配合、说明和进一步描述商品信息的辅助作用，主要分为手绘和电脑辅助绘制两种。

手绘插画历史悠久，形式繁多，手法各异，涉及多种材料和表现技法。常见有水彩、水粉、油彩、丙烯、马克笔、钢笔、铅笔、色粉笔等，形成了各自的表现特点，如水彩画的色彩明快亮丽，马克笔自然、随意，色粉笔细腻丰富，蜡笔粗犷活泼等。同时也可将各种材料和技法综合运用，发挥各自所长，达到更为丰富视觉效果（见图 8.35）。

电脑辅助绘图可以通过程序、软件来模

图 8.35
哈米迪耶玻璃瓶矿泉水 土耳其

拟各种手绘插画效果，同时也可形成具有自身独特风格的插画。电脑辅助绘图不仅方便快捷而且可以进行反复修改。同时还可以生成不同于手绘插图的视觉效果（见图 8.36 ）。

　　手绘插画和电脑辅助绘图各有所长。虽然随着绘图软件和硬件技术的不断提升，电脑虽然能够模拟出手绘插画的形式风格，目前还无法完全替代手绘插画。许多插画作者也经常采用两者结合方法。先用手绘，再输入电脑进行后期加工处理。近些年电脑手写板和触摸屏技术的发展也使得电脑辅助绘图与传统手绘插图进一步的融合，从而扩大了插画的创作空间，进一步丰富了插画的表现力。

图 8.36
果汁包装　法国

8.4 色彩设计

色彩是通过视觉识别的，通常更倾向于感性层面的交互和体验，但其意义的形成过程始终是建立在科学和理性基础之上。包装设计中色彩的运用，应首先系统掌握色彩的基本知识，功能属性和价值意义，充分发挥色彩在包装设计中对人的心理影响，以及沟通情感、增强辨识与记忆等功能和作用。

8.4.1 色彩的基本知识

1. 色彩的属性

色彩分为无色系和有色系，共同构成了既相互区别又密不可分的色彩体系。无色系，即黑、白、灰，遵循一定的变化规律，由白色渐变至灰色，直至黑色。不具备色相、纯度的性质，只有明度的变化，越接近白色，明度越高，越接近黑色，明度越低（见图8.37）。有色系，包含红、橙、黄、绿、青、蓝、紫7种基本色，以及它们之间不同量的混合色（见图8.38）。

色彩的基本属性是由色相、明度和纯度组成，也称为色彩三要素，它们之间相互依存、相互影响、相互作用。

图 8.37
无色系－电子产品包装设计 中国

图 8.38
有色系饮品包装设计 中国

图 8.39
具有黄色相的烧烤品牌包装设计 中国

图 8.40
绿色系 – 饮品包装设计

图 8.41
汉堡王冰淇淋包装设计　美国

图 8.42
百雀羚包装设计　中国

图 8.43
绝对 伏特加包装设计　瑞典

1）色相

色相是区别不同色彩的主要标准。从光学意义上讲，色相是由光波的长短决定的。即使是同一类颜色，也可分为几种色相，如黄色可分为柠檬黄、土黄、橘黄等。绿色可以分为浅绿、橄榄绿、墨绿等（见图 8.39、图 8.40 ）。

2）明度

光照的强弱形成色彩的明暗程度。一是同一色相的明暗变化，二是混合色的明暗变化，每一种色彩都有相应的明度。黄色明度最高，蓝紫色明度最低。明度相对高的色彩在画面中可以呈现出一种明快的色调，而明度相对偏低的色彩则给人以一种凝重的感受（见图 8.41、图 8.42 ）。

3）纯度

指色彩的饱和度，也就是色彩的纯净程度，黄色纯度最高，蓝紫色纯度最低。高纯度色调的画面会产生一种积极、强烈的视效，但如果运用不当也会使人感到生硬和杂乱。中纯度色调给人感觉中庸、温和。低纯度色调则往往给人简朴、安静的感受。合理利用色彩纯度的微妙关系，可以增强画面的视觉感染力（见图 8.43 ）。

2. 色彩的功能

色彩的功能，一是指色彩本身所具备的特质，即色彩对人的生理、心理作用；二是色彩经过人为处理所产生的间接作用。

1）生理物理特性

不同的色彩因其色相、明度和纯度的不同，会给人以不同的认知和感受。针对不同商品的属性、特点和诉求合理利用，可以最大化的求同存异，为消费群体共性认同感的建立产生积极的作用。因此，要根据实际需求，注重营造色彩的调性，如轻重、膨缩、软硬、冷暖，以及色彩表现出的兴奋与沉静、活泼与庄重、华丽与朴素等，充分发挥色彩的物理特性。

2）心理认知

人对色彩的心理反应来自于人的客观经验，具有一定的主观性。通常体现在情感的传递与互动过程，是一种视觉到知觉、记忆到认知的心理认知过程。因此，由于人的民族地域、文化背景、生活习惯及个性特征的不同，对色彩的心理认知也不同，探讨和研究这种差异性，可以使色彩在传递商品信息的过程中更具针对性与亲和力，达到最佳的沟通效果。

3）情感表达

满足消费对象情感诉求

因人的个性和需求不同，对色彩的情感诉求也不同，如女性一般偏爱明度较高，清新淡雅的色调，而多数男性则喜欢深沉、庄重的低纯度色彩。儿童喜欢纯度、明度较高的色调，因此，我们在市场上看到的儿童用品，色彩的纯度和明度都相对较高（见图8.44、图8.45）。

关注地域性色彩情感表达

色彩情感表达的适应性和多样性，是受不同国家、不同民族之间因社会经济、政治文化、宗教信仰、地域环境的不同所影响的。在中国，黄色象征尊贵和光明，红色代表热情和激情，而在另外一些国家、地区、民族，对黄色则有着不同的认知和表述，我们必须对这一现象引起高度重视，尊重和适应不同国家、地域、民族的风俗习惯和情感诉求（见图8.46、图8.47和图8.48）。

图 8.44
男性消费的酒包装设计

图 8.45
体现女性淡雅温馨色彩的
依云矿泉水包装设计　法国

图 8.46
无印良品包装设计　日本

图 8.47
葡萄酒包装

图 8.48
香皂品牌包装设计　英国

图 8.49
茶点心创新茶包装设计

体现文化性色彩情感表现

不同历史时期人的生活方式、文化背景、审美取向都会带有明显的时代印记，这是由于社会及诸多因素的变化而导致的。不同时代所形成的特征，不仅影响着人们消费观念及消费行为的转变，同时，文化的传承性和创新发展也会带来与时代特征相契合的情感需求。因此，我们要注重色彩的时代性表达，从而彰显色彩的社会与文化属性（见图 8.49、图 8.50）。

8.4.2 包装中的色彩任务

1. 传达商品属性和特征

1）准确传递

在商品包装设计中，如何利用色彩有效、真实的传递商品信息，引导消费者对商品的辨识和认同，以及调动消费者的消费欲望，取决于色彩的应用是否能够达到消费者对商品理性与感性认识的统一。因此，在包装设计中，设计师通常会结合商品本身的色彩相貌来进行内外协调的组织搭配，以达成色彩与商品属性和特质的吻合，并通过色彩的情感体验，使消费者认同和接纳（见图 8.51、图 8.52）。

2）逆向选择

市场上同类商品的包装，往往会采取同一色系来表现，这一做法，虽然符合商品的色彩性格，便于消费者选择，但同时也会某种程度上造成商品个性的削弱。如何在同一类商品包装中脱颖而出，设计师往往会采用

图 8.50
传统老月饼包装设计 中国

图 8.51
维多利亚的秘密——护肤品包装设计 中国

图 8.52
纯净水包装设计 法国

图 8.53
密扇 ×YOU 合作产品口红包装设计　中国

图 8.54
红酒包装设计　中国

图 8.55
大嘴巴辣条包装设计　中国

图 8.56
天物上品面膜包装设计　中国

逆向选择色彩色相的手法来凸显商品，达到吸引消费者视线，引起消费者关注的目的。这种出其不意的表达方式会有一定风险，因此，需要做好前期的市场和消费者调研，做到准确定位（见图 8.53、图 8.54）。

3）性格塑造

色彩的性格特征可以使人产生丰富的联想。探析色彩的性格，有利于我们利用色彩对人的心理作用来充分体现情感的力量，使消费者感受到商品与自己秉性与好恶的关联，从而增强商品或包装的亲和力。如蓝色，给人一种平静、沉稳的感觉，因此，一些办公环境通常为蓝色基调。粉色具有女性意味，常常在美容会所、妇女商店使用。塑造商品或包装人性化色彩性格，有利于产品的针对性销售及消费者的抉择（见图 8.55、图 8.56）。

2. 满足消费者的情感诉求

1）聚合共性

在商品包装设计中，我们不可能做到根据每一个消费者的诉求，确定色彩的基调，因此要提前对某一类或某一消费群体进行具有针对性的分析和归类，调查和研究。目的是寻找不同消费群体和不同商品的趋同点，并为其确定色彩调性。这种基于共性的做法，是建立在消费群体情感诉求，以及同类商品共性基础上的。可见在包装设计中，寻求共性和消费者共识始终是设计过程中的重要原则之一。

2）关注个性

消费者的多样化需求和个性化消费趋势，是时代进步的体现。经济的快速发展和商品的极大丰富，助推了商品的细分和包装形式更新。在共性基础上对个性化的关注，不仅反映了市场竞争中商家、企业对生存的现实考量，也为商品包装设计的个性关照，对新材料、新工艺的使用，以及对商品的销售带来新的空间和可能。"小众意识"在逐步觉醒，使消费的个性诉求被纳入当今包装设计必须要考虑的内容。

3）创造联想

色彩能够使人产生联想，展现了其自身内涵的意义延伸。不同的色彩会使消费者的心理感受不同，这就构成了形成联想意义的基础和条件。联想是建立在消费者生活经验和理想诉求基础上的，是人物质与精神追求的高层次诉求，创造色彩联想的空间，可以使消费者切身感受到自身需求与愿望、目标与期待的最大化满足，从而进一步提升商品包装中色彩的价值和意义（见图 8.57）。

图 8.57
西凤酒包装设计 中国

3. 提升商品包装的视觉效应

1）制造视点

色彩是人们在选择商品过程中，最为吸引人注意力的视觉元素之一，在商品日益丰富，信息越来越庞杂的今天，要使商品在众多竞争对象中脱颖而出，色彩起着不可忽视的作用。利用色彩，制造视点，已成为当今设计师经常使用的表现手法。而视点的制造，应基于围绕商品背景和特质的故事性、事件性梳理和符号性展示，充分利用色彩的视觉识别力，引发消费者的心理共鸣和视觉认同（见图 8.58）。

图 8.58
伯格豪斯啤酒包装设计 德国

2）创造时尚

人们对流行色的关注，体现了一个时期、一个阶段、一部分人群的消费态度和消费取向，时尚与流行的可能，因建立在对潮流的分析与判断之上。时尚性较强的包装，不仅要求色彩有着强烈的流行色调，而且要满足消费大众对时髦的认识和判断。另外，在包装设计中，还要注意时尚的时间性和辨识性，也就是对未来时尚和和流行的预判，这样才能适应不断变化着的市场和消费需求（见图 8.59）。

图 8.59
Bora bora 礼盒包装设计　中国

3）引领潮流

图 8.60
可口可乐限量版包装设计　美国

一件好的商品包装设计除了对视觉效果的重视以外，更应关注对消费取向和潮流的引领作用。不仅是流行样式的附和，同时还应利用一切包括色彩的视觉表现元素，使时尚成为热点、流行成为为潮流。比如可口可乐饮料的包装设计，红色体现了运动、激情和活力，迎合了广大青少年消费者的特点和诉求（见图 8.60）。因此，在不同背景下而形成的一种色彩的流行，反映了人们的生活态度和消费取向。

8.4.3 包装中色彩的表现

1. 色彩的对比

在商品包装设计中，经常使用纯色对比、复色对比或纯色与复色对比来表现商品的属性和性质，它们之间的关系，一般称为色彩的对比关系。

1）色相对比

色相对比较强的色彩在画面中的效果，给人以鲜明、活跃、兴奋感，色彩的情感意味也随之更强。而纯度较弱的色相对比则给人一种沉重、稳重感。如玫瑰普洱茶包装，采用典雅古朴的色相对比，给人一种醇厚、浓郁的感受，与常见的茶类包装的不同之处，是将人对商品的心理认知直接表达出来，以满足消费者的情感诉求（见图8.61、图8.62）。

2）明度对比

明度对比在包装设计中是常见使用手法，给人一种主次分明、赏心悦目的色彩调性。通过色彩的明度对比渲染色彩情绪，强化色彩节奏。如图8.63中的女性护手霜包装，以鲜明的色彩明度对比，营造出一种高调、淡雅的色彩基调，使人清新明目。而男性化妆品包装，多以深色为基调，以呈现稳重与力量之感（见图8.63、图8.64）。

3）纯度对比

色彩纯度的不同，其鲜艳度也不同，可以是一种色相纯度的对比，也可以是不同色

图 8.61
玫瑰普洱茶的包装设计 中国

图 8.62
玛呖德蛋糕包装设计 法国

图 8.63
女性护手霜包装设计 法国

图 8.64
茶包装设计 俄罗斯

图 8.65
巧克力包装设计

图 8.66
果酒包装设计　中国

图 8.67
可口可乐包装设计　美国

图 8.68
花生包装设计　中国

相之间的纯度对比。在包装设计中，恰当运用色彩纯度对比可以形成丰富的色调，提升视觉表现力。例如，在食品包装上，通过色彩之间纯度的对比可以传达出产品的口味与品质，像巧克力、糖果等食品包装，通常多采用纯度较高的色彩为基调，给人一种味醇、浓郁的感受（见图 8.65、图 8.66）。

4）补色对比

色彩的补色对比是所有对比关系中最具视觉力的一种，这种对比关系最大化地体现了对比的力度。商品包装设计中，补色对比形成的视效，更强烈、更丰富、更具冲击力。如红与绿、黄与紫、蓝与橙的对比，他们之间即互为对立又互为作用，并通过面积、位置的调整强化产品的性格特点（见图 8.67、图 8.68）。

图 8.69
酒包装设计体现强烈的冷暖对比构成的关系

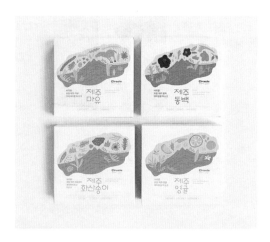

图 8.70
面膜包装 韩国

5）冷暖对比

色彩的冷暖对比是感知色彩温差的手段，受到色彩的色相、明度、纯度的影响，是在一种相对的状态下形成的。因此，同一种色彩处于不同的色彩环境时会表现出不同的冷暖倾向，掌握这种冷暖变化的规律，驾驭之间的关系，可以将商品包装的画面组织得更有韵味，更有变化和层次（见图8.69、图8.70）。

2. 色彩的调和

1）包装中的色彩元素

色彩是商品包装设计的表现要素之一，色彩本身的诸元素构成了色彩丰富的内涵和内容。换言之，色彩的属性、功能和价值的凸显不仅能够影响消费者对商品的选择和购买决策，也会存在着对色彩本身各元素的关

图 8.71
海天料酒包装设计 中国

系平衡，以及与其他表现要素的协调。色彩元素的科学应用，早已成为今天设计师应该熟练掌握的必要技能（见图 8.71）。

2）包装中的色彩节奏

商品包装中色彩节奏的把控，是形成一种色彩韵律的基础，这种节奏感的表现试图通过对色彩关联性的强调而使相互孤立的色彩能够在画面上构成有序视觉形态，类似于一件音乐作品的旋律是通过音符的长短、高低和强弱的有机组合一样。可以讲色彩节奏决定了一件商品包装设计的主调和风格（见图 8.72）。

3）包装中的色彩调和

色彩调和的含义，是对不同的色彩进行针对性的合理搭配、科学布局，使之处于协调统一的状态。色彩的调和作用，关系到一件商品包装设计的成败，因此，我们要充分认识到色彩在调和各种因素、元素中的重要作用。如商品包装中高明度、高纯度的色彩对比，可以通过添加互为同类色的色彩进行调和，如在黑与白对比中增加不同层次的灰色，在黄色与蓝色中加入黄绿、绿蓝色等（见图 8.73）。

色彩与文字、图形是商品包装设计的重要视觉元素，它在决定包装的属性、风格、调性，以及品质等方面的作用是不容忽视的，同时，对色彩的控制力也是一个包装设计师必备的专业技能。商品包装的色彩通过多渠道的情感表达，能够架起沟通商品与消费者之间的桥梁，展现其情感的力量，从而促进当今商品包装设计质量与水平的进一步提升。

图 8.72
包装色彩的层次节奏

图 8.73
体现色彩调和的化妆品包装

8.5 信息图表

包装中的信息图表是产品特色、使用方法、主要成分和相关禁忌等商品信息和概念的视觉表述。运用商品信息图表呈现产品信息，已然成为当今商品包装设计新的手段和趋势。

8.5.1 设计概述

1. 功能

商品包装认知功能的实现取决于商品信息的有效传达。超市的兴起使产品包装成为"无声推销员"。通常消费者没有足够的时间细细阅读产品说明，因此，商品包装需要尽可能清晰地把产品相关信息展现出来。

包装中的信息图表设计是指将抽象繁复的数据、概念和信息，经过解析、梳理和整合，以直观、凝练、清晰的视觉图形符号和表格传达产品信息，使人们用最少的时间了解和理解信息。研究表明，纯文字的商品标签内容仅有70%的人能够完全理解，而文字与图形结合的标签内容的理解度则高达95%，而且在文字与图形结合的说明指导下对信息的理解时间和产品使用的效率是纯文字说明的三倍以上。因此，商品包装中的信息图表设计已成为当今包装设计的重要视觉表现元素。

2. 目的

从传播的角度，信息的真正目的是借助语言、文字和图像等顺利而准确地向观者传达信息。信息图表设计的目的则是通过对目标信息进行分析、概括和梳理，将其逻辑化、条理化和可视化。在信息图表设计建构过程中，须依据图形、色彩等视觉元素在人的生理和心理上的认知差异创建信息的视觉语言，以图形和色彩等视觉元素在空间中的组合关系表达信息逻辑上的含义、层次与关系，继而以可视的且具审美意蕴的二维图像呈现，创造一个信息发布者与接收者的沟通空间，从而达到有效传达信息的目的。信息图表设计对信息进行处理的技巧，可以提高人们识别信息的效能，首先要进行语言的转译，既把生涩难懂的技术语言转译为通俗易懂的图表语言，建立在满足受众的诉求和接受之上。

3. 意义

从受众角度，包装信息图表设计的意义是对"人"的尊重。一方面能够找到理解受众的视角，尊重他们不同的文化背景与程度，通过简单易懂的表现形式将信息快速、准确、有效地与受众沟通，力求消除理解上的偏差，做到善解人意。另一方面是建立良好的人与物的关系。包装中的信息图表主要是对产品的特色、使用方法、主要成分和相关禁忌的说明，应在原有信息的基础上，以有趣、简洁和便捷的方式对信息进行优化，方便受众的阅读和理解，从而体现对人的关照。

从企业角度讲，包装信息图表设计的意义在于有效、独特地塑造美的品牌形象。品牌形象可分为有形和无形两部分，有形指的是品牌产品的功能性，无形则是指品牌形象的个性特征和独特魅力。有效的信息图表设计不仅能够使消费者便捷地认知和参照，同时，还应把产品特点和服务意识的延伸意义与品牌形象联系起来，将产品功能性体现和品牌的形象力塑造有机结合，形成有形与无形的统一。

4. 构成

包装上的信息图表大致可分为说明图、关联图、统计图、图标和表格等类型。

说明图是指运用插图或图片对事物进行介绍和说明。包装上的商品信息有些内容仅靠文字是很难清晰、有效传达的。例如，产品的使用方法、组装方法、结构等，往往要通过插图或图片来进行表述，有时还会以直观看不到的角度进行描述、讲解内部的结构；大多数时候还需配以文字补充说明。

关联图，也称为关系图，是将复杂问题的各因素串联起来，以呈现它们之间的关联和关系。它可以用来展现事物之间"原因和结果"的纵向关系，也可以用来表现事物之间"目的和手段"的横向关系。包装上的关联图可将产品所针对的复杂问题的多种因素通过分析整理以一种较清晰简洁的图表形式表现，常用于清晰传达产品的功能与特性。

统计图是指以几何图形、事物形象将统计数字表现出来并通过一定的排列展示其数量关系。通常将复杂的统计数字通过图形将它们之间的发展过程和对比关系形象化，使人一目了然。统计图是整理、分析和呈现统计数据的主要方式，其主要用途包括表示现象间的对比关系，展示总体结构，揭示现象间的依存关系，反映总体中各要素的分配情况，说明现象在空间上的分布情况等。可用来表现产品的成分配比、功能功效等。

图标是指能够表述某个事物特征、目的、属性或状态的符号，应具有一定的通用性质。包装上的图标可以用来揭示或解释一个产品的特征、优点，也可通过操控图标的数量传达出更多的优势或展示同一品牌不同产品的区别。图标也可以配以辅助文字解释产品的用途和使用方法，还可以用来传达产品的环保信息、适用范围和安全警示等。

表格是指根据特定的标准通过设置横纵排列将信息进行区分、罗列。它既是一种数据整理的手段，又是一种常用的信息整合方式。表格从结构上可分为行、列和单元格，在呈现信息时，可通过将行、列和单元格的大小、颜色或字体的变化强调需突出的信息。包装上的表格可根据实际需求灵活设计，应尽可能地凸显消费者关注的信息，弱化次要信息，从而能够给消费者的选择提供引导和帮助。

包装中信息图表的种类很多，各自的功能性质也不同，在设计包装上信息图表时要充分考虑商品信息的表达意图，以及对于受众的功用价值，灵活运用各种图表的特征，充分发挥信息图表的作用。

8.5.2 设计内容

针对消费者在购买判断和使用决策的需求，包装上可用图表表现的产品信息大致分为产品使用说明、产品特色说明、产品主要成分说明和产品相关禁忌说明四类。

1. 产品使用说明

使用说明是指对产品进行介绍和对产品的使用方法和步骤的说明，用来指导消费者购买后正确使用。由于各种产品的功能用法不同，因此使用说明又可分为安装说明、使用方法说明、结构说明和适用范围说明等。

安装说明是用于指导对产品进行组装或安放的使用提示。为了节省空间、便于运输，

1. 打开袋口，先请关掉相机。

2. 先将 DICAPIC 固定环放好，把相机轻放进袋内。

3. 把袋口密封好，并缓着复接边把相机轻放进袋内。

4. 把魔术贴贴上。

5. 使用后轻挂下解除前盖，并轻按相机与固定环分开，待相机取出后，装回前盖。

6. 先擦干相机机身，取出相机。切记让袋口向下防止水分进入装里。

图 8.74
相机防水袋说明图

有些产品在包装中是以零件方式或拆分方式放置的，因此安装说明对于产品的正确使用至关重要。在包装上，以图的方式呈现的安装说明是最为常见的表现方式，因为它可以直接与实物对照操作，加之简洁的文字提示，更能明确指导安装操作（见图 8.74）。

使用方法说明是指导消费者正确使用，避免误用或错用产品的说明。消费者第一次使用某产品时一般不熟悉该产品的使用方式，而且不同产品都具有独特的使用方式。因此，清晰、明确地展示该产品的使用方法对消费者来说是十分必要的。有些时候使用方法的独特性还能凸显产品功能上的独特性和差异性（见图 8.75、图 8.76）。

结构说明是指以外观图或分解图将产品的内外部结构展现出来的方式。结构说明一方面帮助消费者更清晰地了解产品的内外部结构特征，另一方面可强化产品特点优势。结构说明图可使消费者在没有看到或使用产品的时候就对其使用方法和工作原理有一个基本了解（见图 8.77）。

适用范围说明对产品适用性的解释，即产品的效用范围。产品的适用范围说明通过提供更多的应用建议来满足消费者更充分的应用体验（见图 8.78、图 8.79 和图 8.80）。

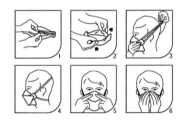

图 8.75
口罩包装上的使用方法

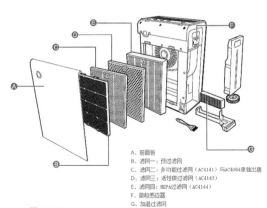

A、前面板
B、滤网一：预过滤网
C、滤网二：多功能过滤网（AC4141）与AC4084单独出售
D、滤网三：活性碳过滤网（AC4143）
E、滤网四：HEPA过滤网（AC4144）
F、微粒感应器
G、加湿过滤网

图 8.77
净化器包装上的结构说明图

1 使用内附酒精棉片彻底清洁表面，待干。勿使用家庭清洁产品。注意：乳胶漆墙面用干布擦拭即可，请勿使用酒精棉片。
2 将两片胶条扣紧，直至听到嘀嘀声。
3 撕开黑色离型胶纸。
4 将挂钩贴于表面，对每组胶条的位置按压30秒钟。
5 从相框地步开始向外拆开，勿垂直硬拉相框，针对图上所示三个区域，分别按压胶条30秒。
6 等待24小时，将相框贴回墙面，直至听到咔嚓声。（若相框与墙面粘贴不齐，可取下重新定位）

图 8.76
3M 挂钩包装上的使用方法

★ 使用图例 Use pictures reference:

图 8.78
家具垫脚包装上的使用图例

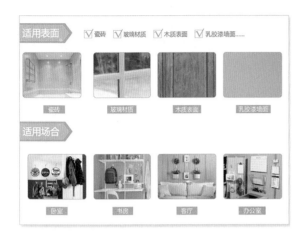

图 8.80
韩国商品包装上的使用图例

图 8.79
3M 高曼挂钩包装上的适用范围图标

2. 产品特性优势说明

产品特性优势说明是用以表明产品除应具有的基本功能外所具有的其他特性和优势。产品的特性是形成竞争力的主要内容，也是产品寻求差别化的途径，每个产品的特性都有可能打动和吸引不同的消费者。在包装上有效呈现出消费者需要且有价值的产品特性信息，已成为产品最有竞争力的武器之一。

不同类别的产品都有自己的特性，它是影响消费者认知和购买的主要因素。对产品特性和优势的评价则是消费者基于生活习惯、价值取向和既往经验的认同。因此，在包装设计时，产品特性和优势的提出一定要针对消费者的购买动机，发掘消费者的特殊需求，甚至是找出消费者并不自知的潜在需求，并通过图形或图示展现出来，将特性点转化为消费者的利益点，从而为产品增值增益（见图 8.81~ 图 8.85）。

先进文武火： 蒸煮爆炒全由我

聚能复式线圈盘： 热效率更高，加热更均匀

童锁功能： 人性化功能设计，安全可靠

人性化暂停功能： 即时暂停，烹饪随心

智能保温功能： 手动/自动智能保温设计

图 8.81
电磁炉包装上的产品优势图标

高功率LED模块提供高达800勒克斯的照度,具有高显色性和节约能源的性能特点.
High power LED module provides up to 800lux light with high color rendering and ultra energy savings.

无频闪LED光源,更健康呵护双眼.无红外线,紫外线及高热辐射.
Healthy flicker free LED light source without any Infra Red, Ultra Violet or frontal heat emission.

可灵活变形的橡胶鹅颈.
Rubberized flexible neck.

LED 5W
220-240V 50/60Hz

430mm X 140mm X 350mm

最大功耗6瓦.
Max 6W consumption.

图 8.82
台灯包装上的产品优势图表

图 8.83
圣牧有机奶产品优势信息图表

图 8.84
儿童牛奶包装上的产品优势图表

图 8.85
舒适达牙膏包装上的产品优势信息图表

3. 产品主要成分说明

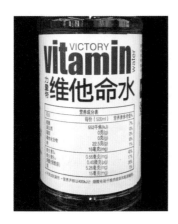

图 8.86
维他命水包装上的营养成分表

图 8.87
零度可乐的无卡路里图标

国家相关法律规定，食品包装上必须标明该食品的各种成分的含量，并且按含量多少的顺序排列。如在包装上必须标明香料、防腐剂、防潮剂等无害添加剂的使用，酒类产品在包装上必须标明酒精含量等。在包装上清晰标示产品的成分含量既是对法律的遵守，更是对消费者的尊重和保护。通常主要成分是以表格形式呈现的，以便于消费者进行对比判断（见图 8.86）。

随着生活水平的提高，消费者对自身健康和环境的关注越来越重视，更希望在产品包装直接看到与其关注的相关信息。如方便面袋上标明"非油炸"，速溶咖啡袋上标明"无咖啡因"，花生油瓶上标明"不含黄曲霉素"等，以打消消费者的顾虑（见图 8.87、图 8.88）。

图 8.88
洗衣液包装上的"无磷中性"图标

图 8.89
保温杯包装上的提示图标

4. 产品相关禁忌说明

因为有些产品的原料成分带有危险性，或是使用中误用错用会产生意外，所以要在包装上提醒消费者注意，以免误判、误用。例如，空气清新剂如果靠近火焰可能易爆，有些产品使用不当可能对产品本身或使用者的皮肤和眼睛造成危害等。在这类产品包装上，通过采用将相关禁忌图标和文字放置在较醒目的位置，起到警示作用（见图 8.89）。

8.5.3 表现要素

1. 内容要素

信息图表设计的表现主要包括内容要素和形式要素，内容要素主要是指文字和数据两种信息元素。文字元素可分为标题文字和表述文字，标题文字是对信息图表内容的概括和总结，可帮助引导阅读。表述文字是用来传达具体对象事物的信息，是对图表中图形符号意义的完善和补充，图表中的文字须简明扼要，易懂可读。数据包括具有一定意义的数字、字母、符号。数据是事实或观察的客观结果，是对客观事物逻辑的归纳。数据在图表中起着支撑信息的作用，图表设计则是对数据的二次加工，真实和明确数据不仅更具说服力，而且能够保证信息的有效传递（见图 8.90、图 8.91）。

图 8.90
牙膏包装上的信息图表

图 8.91
薯条包装上的信息图表

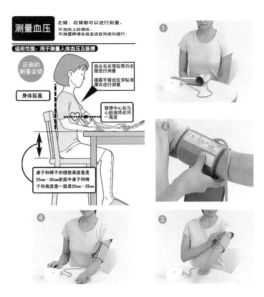

图 8.92
血压仪包装上的使用说明，既有插画方式的表现，也有照片方式的表现

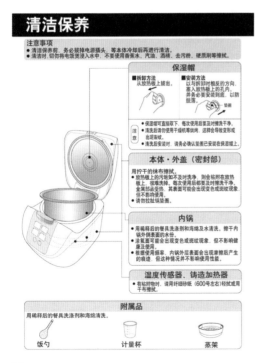

图 8.93
电饭煲清洁说明图表，用线和箭头等抽象元素将信息秩序化、明确化

2. 形式要素

形式要素主要包括具象图形、抽象图形和色彩，是图表设计的视觉核心要素。正如美国学者皮尔斯所说："直接传播某种观念的唯一手段是像 (icon)。即使传播最简单的观念也必须使用像，一切观点都必须包含像或像的集合，或者说是由表明意义的符号构成的。"

1）具象图形

图表中的具象图形是指以人造物和自然物的真实形态为基础，通过简化、归纳、提炼、概括、强化其主要特征的图形。具象图形虽源于客观物象，但非纯粹的写真、再现，而是客观物象的凝练和简约表现。具象图形是指将复杂的概念和枯燥的数据图解与图示化，使信息的呈现更加形象、生动，使接收信息的过程更加直观鲜明。具象图形可通过绘画、照片、图案、符号等多样化形式呈现，原则是更接近人的生活和惯常思维，强调其自身的形象特点（见图 8.92）。

2）抽象图形

包装中信息图表的抽象图形是指由点、线、面构成的非具象形态，如圆形、线形、方形、矩形、箭头形等，本身具有指示和象征意义，可以用来传达较为抽象的概念信息。抽象图形一方面可以表示位置、单位、长度和面积等具体的信息，另一方面也可表示说明、关联、流程、系统等抽象的信息。它通过对视觉元素的秩序化、简约化构组将信息意念化、图示化，帮助观者构筑起理解和想象的空间，强化图表信息的认读逻辑和秩序，迅捷地传递图表语义信息（见图 8.93）。

3）色彩要素

色彩既可以用以对图表中一些图形不同义的图形加以区分，也可以利用其对人产生的生理和心理感受来表示一些象征的事物和抽象的概念。色彩的属性既可以是信息的外在形式，又可以是信息的注解。图表中色彩的使用既加强了信息的传达层级与节奏，又丰富了图表的视觉感染力，是图表设计的重要元素（见图 8.94）。

图 8.94
茶叶包装上用色彩区分各种产品功能

8.5.4 形式手法

1. 连续分解图像表现产品使用行为步骤

商品使用方法说明是帮助指导消费者正确了解、使用、保养及安装商品的重要信息。同时，兼有宣传商品特点优势的作用。商品使用方法一般由文字描述，但具体动作行为仅凭文字很难表述清楚，此外，消费者阅读后的理解程度也会因人而异，这都可能导致对商品的误解、误用或损坏，甚至对使用者造成伤害。因此，在文字说明的基础上配以插图，就能够较为清晰、准确地传达出事物或行为的具体信息。

一般产品的使用说明信息图的表现形式是将正确使用产品的方法、步骤分解，以连续的图示呈现，每幅图标明数字序号以明确步骤顺序，并为每幅图配以文字说明。对使用过程中的一些关键信息或行为可用文字或符号着重标明（见图 8.95）。

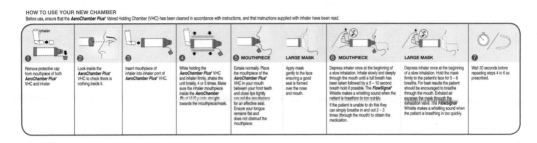

图 8.95
爱治喘吸药辅助器使用说明

2. 对比图像表现产品特性功效

对比图像是指呈现一个事物的前后变化或两个事物相反、相对状态的画面，使用比较的方法进行信息说明和描述。消费者在选择购买产品时，往往特别关注该产品是否能够提供与众不同的特点和满足自己的诉求。用对比图的方式可以很好地说明产品的特性功效及产品使用后的结果，并明示消费者的利益点，从而凸显产品独特的功能优势（见图 8.96~ 图 8.99）。

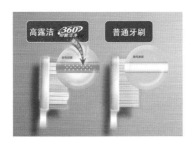

图 8.96
牙刷包装上的对比图像

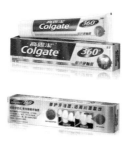

图 8.97
牙膏包装上的功能对比图像

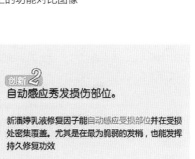

图 8.98
洗发露包装上的对比图像

图 8.99
吹风机包装上的对比图像

3. 剖视图表现产品内部结构

有些产品看外观无法清楚了解其内部结构或工作原理，这些看不到的地方可能恰恰是该产品独特的卖点。有些产品需要展现在相对封闭的空间中能够解决的问题的情境和使用方式，此时可借助剖视图来呈现。剖视图也可称为剖视图解，常常通过将表面有选择地去除，使内部特征可见的三维模型图表现，目的是让观者看到固体不透明的部分。一般不是直接显现内部，而是将部分表面物体去除或采用透明手法处理。剖视图解通过空间排序、前景和背景对象之间的对比以减轻空间理解的难度来避免歧义（见图8.100~图8.104）。

图 8.100
罗技鼠标包装上的剖视图

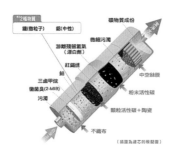

图 8.101
净水器滤芯包装上的剖视图

图 8.102
车载净化器包装上的剖视图

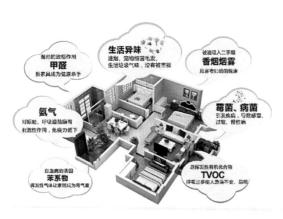

图 8.103
净化器包装上的剖视图

图 8.104
尼康望远镜包装上的剖视图

4. 环状关联图表现产品功能流程或关系

环状关联图是指以某个人物、物品或事件为中心，整合与表达之间相关的复杂关系。运用图形、线条及插图等视觉元素将复杂信息整理成图，用以阐明事物的相互关联。它以图形和插图形式表现，以线条连接或区分不同信息，并以环状形态呈现事物与主体物的关系（见图 8.105~ 图 8.108 ）。

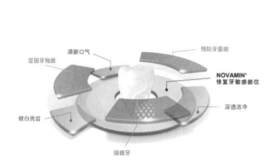

图 8.105
舒适达牙膏全方位防护关联图

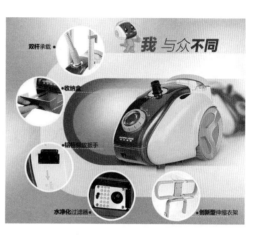

图 8.106
吸尘器功能特点关联图

图 8.107
洗发水功效关联图

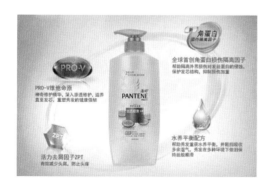

图 8.108
洗发水功效关联图

5. 统计图表现数据或比较数据

数据能够直观、清晰传达产品的信息、功能和优势，通过数值来比较和表现事物的变化和趋势。一般可分为两类，一类是柱形图和折线图，用来体现事物变化或比较；另一类是饼形图，用以体现各种要素在整体中所占的比例。柱形图不仅可以表现单一数据的变化，也可以是多种数据的并列比较，是统计图中最为基础的表现形式。既可表现折线图所表示的数据时间变化，也可在单一柱体内表示饼图所表示的数据的比例关系。包装上的统计图可用来表现产品的使用效果和产品要素的构成比例，以及产品与其他同类产品的比较优势等（见图 8.109~ 图 8.110 ）。

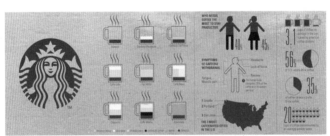

图 8.109
牙膏包装上的统计图

图 8.110
星巴克咖啡包装纸上的统计图

6. 图标表现产品特定信息或特性优势

图标是指在特定环境中表示特定含义的视觉符号，是对事物所含信息的简化和概括处理，目的是以大众共识的角度达成抽象概念的形象化。图标自身的形态能够负载和传递信息，可以帮助消费者对产品信息的获取由阅读转向浏览，从而节约识别的时间。因此，经常被用来传递特定信息或特性优势。

图标的隐喻性，具有一定的联想功能，它可以调动消费者的主观情绪，有利于加深形象记忆。因此，图标设计应采用把信息内容和视觉形式整合凝练成最简洁、单纯的图形，超越文字阐释，达到一形多义、一目了然的效果（见图 8.111~ 图 8.115）。

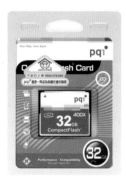

图 8.111
储存卡包装上表示适用范围的图标符号

图 8.112
U 盘包装上表现功能特点的图标符号

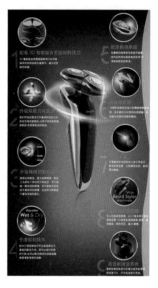

图 8.113
剃须刀包装上表现功能特点的图标符号

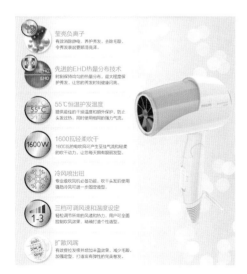

图 8.114
吹风机包装上表现功能特点的图标符号

图 8.115
化妆品包装上表现产品纯天然材料的图标符号

199

7. 公共符号表现产品相关禁忌

消费者惯常由包装上提供的信息来选择、了解商品的特性及使用方式。为了避免判读不清或错误使用造成对消费者利益的损害，包装上经常使用警示图标来提示。在遵守相关法律法规的基础上，在包装展示面空间的局限下，如何利用公共符号传达商品运输、使用过程中的注意事项，已成为包装设计不可或缺的重要内容（见图 8.116）。

图 8.116
安全、环保、运输信息图形符号

8. 指示符号表现动作、空间与时间

在信息图表设计中指示符号被经常使用。例如，箭头符号，即便没有任何文字说明，我们的视线也会被随之引导，按其引导的方位转动。箭头符号具有国际通用性，箭头符号一方面可以表现行为或运动的动作状态和方向（见图 8.117 和图 8.118），也可以表现事物在空间中运行的轨迹和方向（见图 8.119、图 8.120），还可以表现空间中的距离和时间上的顺序等（见图 8.121、图 8.122）。

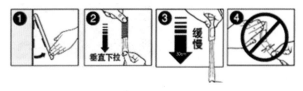

图 8.117
高曼胶条包装上取下方法说明图表中使用的箭头符号

图 8.118
飞利浦剃须刀包装图表中表现刀头运动状态的箭头符号

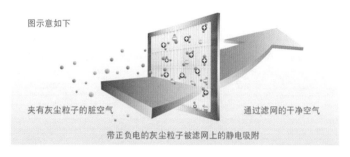

图 8.119
净化器包装图表中使用的箭头符号

图 8.120
洗发水包装图表中使用的箭头符号

图 8.121
婴儿监护仪包装图表中使用的箭头符号

图 8.122
净化器包装图表中使用
的箭头符号

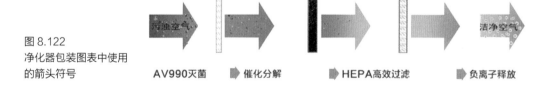

9. 不同颜色表现重点与区别

　　色彩的属性和功能决定了色彩的特性，不同的色彩都有其自身的价值与意义。在信息图表设计过程中，色彩运用过多，会使观者眼花缭乱，茫然不知所措。在图表设计中对色彩运用的典型方法是集中有效地管理运用色彩，通过减弱次要信息的色度来凸显图表中最重要的信息（见图 8.123~ 图 8.125）。同时，经常使用的另一种方法是以色彩的纯度或明度变化表现同类事物之间的区别（见图 8.126）。

　　以上介绍了包装上信息图表的概念、分类以及设计表现的方法。需要明确的是，无论在产品包装上使用什么样的信息图表，它们的力量都来源于其自身的内在能力，这种能力就是简单快速地传递信息，而且具有普遍有效性。正如信息论创始人克劳德·香农对信息的定义：信息就是不确定性的消除。

使用前
口腔细菌是引起不良口气的主因
Oral bacteria are the main source of bad breath
使用后
含独特「活性 Zc - Fc」配方，有效减少口腔细菌滋生
Zc - Fc formula is effectively in reducing oral bacteria
模拟口腔细菌图
Simulation graphic of oral bacteria

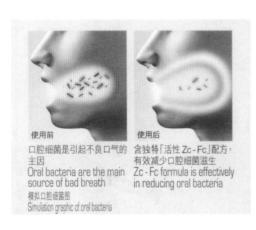

图 8.123
牙膏包装上的使用效果信息图

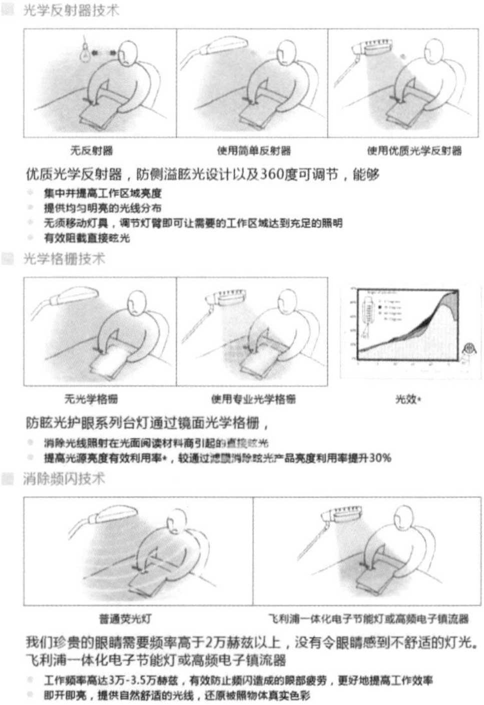

光学反射器技术
无反射器
使用简单反射器
使用优质光学反射器
优质光学反射器，防侧溢眩光设计以及360度可调节，能够
集中并提高工作区域亮度
提供均匀明亮的光线分布
无须移动灯具，调节灯臂即可让需要的工作区域达到充足的照明
有效阻截直接眩光
光学格栅技术
无光学格栅
使用专业光学格栅
光效*
防眩光护眼系列台灯通过镜面光学格栅，
消除光线照射在光面阅读材料商引起的直接眩光
提高光源亮度有效利用率*，较通过滤膜消除眩光产品亮度利用率提升30%
消除频闪技术
普通荧光灯
飞利浦一体化电子节能灯或高频电子镇流器
我们珍贵的眼睛需要频率高于2万赫兹以上，没有令眼睛感到不舒适的灯光。
飞利浦一体化电子节能灯或高频电子镇流器
工作频率高达3万-3.5万赫兹，有效防止频闪造成的眼部疲劳，更好地提高工作效率
即开即亮，提供自然舒适的光线，还原被照物体真实色彩

图 8.124
台灯包装上产品功效信息图

2

图 8.125
药品包装上产品使用方法信息图

弱风
Soft airflow
强风
Strong airflow
弱风
Soft airflow

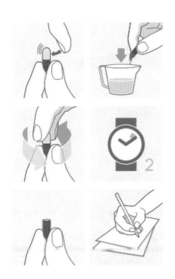

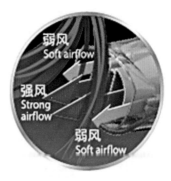

图 8.126
吹风机包装上产品功能信息图

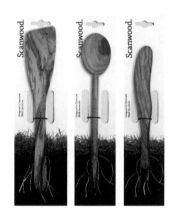

图 8.127
厨具包装　丹麦

图 8.128
五行元宝凤梨月饼包装　中国

图 8.129
礼品包装　乌克兰

8.6 包装编排设计

包装编排设计是指设计师从包装的目的出发，将图形、文字、色彩等视觉表现元素，根据人的视觉心理以及审美需求，选择恰当的设计方式、方法进行科学、合理组织搭配，将商品属性、特点和功能，以及相关法律、法规对商品的要求准确有效地传达给消费大众。

在这一过程中，设计师须依据对市场、商品及消费者需求的深刻了解，对各种相关信息进行分析总结，确定信息类型和主次关系，从而处理好包装中图文的视觉秩序和形式美感。

8.6.1 基本要求

包装的形态可分为若干类型，按照其主要信息的展示面大致可分为：单面（见图 8.127）、双面以上（见图 8.128），以及弧面、异形等（见图 8.129）。

设计师需要针对具体的商品需求和包装形态，选择适合传达的编排设计形式。总的来说，需要注意以下三点。

1. 醒目易识

醒目易识的商品包装能够吸引消费者的视线，即使在琳琅满目的商品货架上，消费者仍然可以在几步之外辨识。消费者正是通过包装对产品进行了解、认知和判断，因此，包装的醒目易识是设计师在设计过程中始终要把握的基本要求（见图 8.130）。

图 8.130
超市货架上琳琅满目的商品

2. 个性彰显

消费者对一件商品个性特征的感知往往来源于包装上的视觉元素和视觉风格，因此，设计师在包装中选择、设计视觉元素和调整视觉风格时，应该立足于商品特征的强调和彰显，深刻挖掘其特质和与众不同的优势与个性，寻找视觉表达的最佳切入点。如 Good OL' SAILOR 啤酒包装，利用品牌故事赋予包装历史感和神话色彩（见图 8.131）。俄罗斯饮料格瓦斯的包装，采用各个不同国家、不同地域的文化元素进行主题性设计，试图营造出强烈的产品视觉个性（见图 8.132）。

有的包装通过品牌形象识别来传达个性，因而品牌文字或标识在整个图面上通常占有突出的位置，成为包装版面最为重要和醒目的部分（见图 8.133）。

有的包装则强调产品本身的特征，如食品包装讲究新鲜、药品看重疗效、服装注重材质等。一些食品包装也常采用模切镂空的方式，使人能直接看到商品的实际面貌，从而强调品质，增强信赖感（见图 8.134）。例如，俄罗斯 Soy Mamelle 豆奶包装为强调商品特征，包装造型模拟奶牛乳房，图形和色彩多采取自然元素，强化了该豆奶的天然特点（见图 8.135）。

　　还有一些奢侈品和时尚消费品则常常通过赋予商品特定的文化内涵，增加产品附加值的方法使商品获得个性。如波兰 Scent Stories 是为男士设计的一款概念香水，包装视觉具有强烈、强悍的个性风格（见图 8.136）。

图 8.131
啤酒包装　瑞典

图 8.132
格瓦斯饮料　俄罗斯

图 8.133
美发产品包装　德国

图 8.134
谷物包装　俄罗斯

图 8.135
豆奶包装　俄罗斯

图 8.136
概念香水　波兰

3. 适形表现

因为商品及包装形态的不同，包装编排设计要特别注意与商品包装的大小、形状、材质，甚至结构等相适合，从而达到包装内容与形式的统一和协调，做到互为整体、相得益彰。如米兰设计师 Cristiano Giuggioli 为喀尔巴阡山（Aqua Carpatica）矿泉水设计的一款概念包装，其不规则的瓶型模仿钻石的造型设计，依据正面、侧面、背面不规则形分别设计了瓶贴（见图 8.137）。另外美国 HEMA 园艺与户外用品包装，依据产品特点，力求在造型、尺寸等方面与产品相适合（见图 8.138）。再如 40 Islands 伏特加包装，则充分利用玻璃材质的透明特性，使圆柱形瓶体前面的品牌字与后面山水形成透叠，巧妙地表达产品清澈、纯净的特点（见图 8.139）。

图 8.137
喀尔巴阡山矿泉水　乌克兰

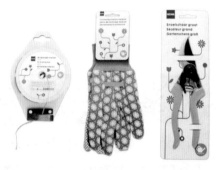

图 8.138
园艺与户外用品包装　美国

图 8.139
伏特加包装　俄罗斯

图 8.140
饮料包装　英国

图 8.141
葡萄酒包装 意大利

图 8.142
洗涤品包装 美国

图 8.143
药品包装 西班牙

8.6.2 视线引导

人在观看事物时视线是流动的，其运动规律一般是从上到下，从左到右，从点到线，将这些视觉运动规律应用于包装设计，从最初的注意力捕捉，到最后的印象记忆留存，这一过程的形成，目的是对受众的视线进行引导，达成主次分明，条理清晰，阅读顺畅的视觉形式。使消费者能够以最合理的顺序，最快速的途径，最有效的方式，获取包装中商品和品牌的信息。如图 8.140 所示的 innocent 饮料包装，消费者的视觉会首先放在瓶贴中心位置的图形和品牌名称上，再向四周移动。

受众一般会下意识沿着水平线（见图 8.140、图 8.142、图 8.143 和图 8.144）、垂直线（见图 8.141、图 8.145 和图 8.146）、倾斜线（见图 8.147）、曲线（见图 8.148）等方向进行阅读，因此，在包装编排设计时，应遵循消费大众的阅读习惯，以增强视觉传达的有效性。

1. 水平线

水平线给人平静、安全、平和的感觉，因而沿水平方向排列的版面会产生稳定、舒适、中庸的感受，这也是包装中最为常见的编排方式之一。图 8.142 所示 Calben 是世界著名的"五星级"洗涤品。包装试图展示产品向自然提取原料、绝无化学成分的特点，采用水平方向排版和对称式的构图，体现其历史悠久和高品质的特点。

图 8.143 所示 Neopic 药品包装将放大的品牌字以水平的方式，横向排列在包装盒的三个面，当药品在货架上排列时，能够连接成为整体，从而化品牌的醒目度。

如图 8.144 所示，Mark Buxton 香水包装主题是"让我们的情绪与香氛、色彩进行互动"。消费者可以在网上或其他途径选择与自己情绪相合的颜色和香味。水平线排列的产品名称作为包装上唯一的文字具有品质感、和谐感，同时采用扁平瓶型统一不同香味的色条。

图 8.144
香水包装 俄罗斯

2. 垂直线

垂直的编排给人坚定、果敢的印象，使人感觉到延伸的力量，稳定而具活力（见图 8.145）。从上至下的线性阅读符合汉字的传统阅读方式，因而经常出现在中国、日本、韩国等国传统题材的包装版面编排设计中（见图 8.146）。

图 8.145
BMW 公司 护肤品 美国

3. 斜线

倾斜的线形元素排列，具有动感和不稳定性。从左下往右上的斜线容易让人感到上升、远去，相反，从左上往右下的斜线则给人下降之感。斜线的排列方式在时尚类产品中经常用到（见图 8.147、图 8.148）。

图 8.146
高级礼品（浴盐）日本

图 8.147
喷雾香水包装 美国

图 8.148
葡萄酒 美国

图 8.149
白兰地　酒包装

图 8.150
大梵天嘉年华限量版啤酒　阿根廷

4. 曲线

曲线给人音乐的美感，使用曲线形编排的视觉形式带给人节奏韵律之美，给人轻松、浪漫、恬美的视觉感受，常用于清新、活泼、柔性的商品包装上。如图 8.149 所示 FIEUR DE LIS 白兰地，名字意为百合，包装设计为突出产品品牌特征采用优雅的曲线编排。图 8.150 所示为阿根廷的大梵天嘉年华限量版啤酒的包装设计。

5. 综合

设计师会根据包装需要强调内容的需要，通常会综合运用各种线性进行编排设计，以呈现丰富而变化的视觉效果（见图 8.151），甚至有些包装版面中的文字、图形等视觉元素分散开来，呈现一种自由、无序、个性化的状态。阅读时读者视线在画面中任意流动，充满感性、自由、活跃的戏剧性情调。图 8.152 所示的 Eatpastry Cookie Dough 食品包装，受到装饰主义风格的影响，文字的排列方式有水平线、垂直线、斜线，呈现出强烈的戏剧性风格。

图 8.151
葡萄酒字体排版包装

图 8.152
食品包装　美国

8.6.3 编排原则

1. 尊重视觉习惯

格式塔心理学研究发现，人们观看画面时视线流动的次序一般遵循如下规律：从上至下，从左至右，从前至后，从大至小，从主至次，从熟悉至不熟悉，先实后虚，先金属光泽后彩色再到无色，先人物后动物再静物再到风景等（见图 8.153）。如 My Cat Loves 宠物食品包装中，消费者的视线会首先关注猫，接着依次关注产品营销文字 Wild Wood Pigeon，品牌字 My Cat Loves，最后是其他文字信息（见图 8.154）。

人的视觉中心往往略高、偏左于画面的绝对中心，这一视差现象是由人的视觉生理所决定的。图 8.153 中所示的灰色部分，展示了包装各个面的中心偏上的位置是最醒目的，一般产品品牌等最重要的信息会被安排其中，例如荷兰 HEMA 护肤品包装中所有重要的信息，都集中编排在版面中上的位置（见图 8.155）。

设计师往往充分利用以上视觉原理，根据商品的定位建立合理的视觉次序，形成醒目、个性的视觉效果。例如，可将最重要内容放置在版面的左上部，占据视觉焦点的位置，成为包装设计的视觉中心，同时将其他元素进行前后、主次、大小、虚实的编排。

2. 使用视觉元素

在包装编排设计中，通常使用具象、抽象视觉元素或具象、抽象视觉元素搭配进行表现，或使用直线、箭头、三角形等指示图标，在画面中表述或进行方向引导、暗示，使观

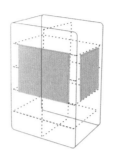
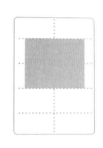

图 8.153
包装各个面中，视线关注核心区

图 8.154
宠物食品包装 英国

图 8.155
护肤品包装 荷兰

图 8.156
矿泉水包装 澳大利亚

图 8.157
厨房与家居用品包装 英国

图 8.158
咖啡 美国

众的视线按照顺序移动，将画面各部分元素串联起来，构成一个整体，同时还须特别注意元素本身的设计和各元素之间的关系（见图 8.156、图 8.157）。如美国 GRANOLA 咖啡包装，将品牌形象"童子军"和商品名称作为视点，包装中上部放射线的运用，起到引导消费者视线的作用（见图 8.158）。

3. 利用文字编排

1）品牌 / 产品名称

利用商品品牌名称和产品名称作为编排的主要形象元素，是设计师惯用的手法，因为它最容易在与同类产品竞争中形成区别，所以，大部分包装设计都以其作为强调的重点。品牌或产品名称字体的缩放比例、位置、布局、色彩以及组合方式均为构成产品特征的一部分，有些商品包装甚至只出现品牌形象或商品名称。例如，Tangled Vine 葡萄酒的葡萄取自一种 18 世纪存活下来、拥有宽大树干和茂密枝叶的葡萄树，结出的葡萄鲜美多汁、香甜可口。这种葡萄树被巧妙地设计成为品牌标志，并印在包装上传达产品的品质（见图 8.159）；纽伦堡美术馆珠宝包装也是采用纽伦堡美术馆建筑设计风格而设计的包装造型（见图 8.160）。

图 8.159
葡萄酒包装 英国

图 8.160
纽伦堡美术馆珠宝包装 澳大利亚

2）说明文稿

产品包装中的二级文稿是指跟随在品牌名称或产品名称（一级文稿）之后，对产品名称进行补充或说明的文字。一般其位置和格式设计会受到比他更为重要的一级文稿——品牌或产品名称编排格式的影响，通常将文字组成一个块面，设计时要注意说明文稿的宽度，任何过长的文本都应该进行缩进；换行时需要考虑是否符合句子的逻辑性。

说明文稿通常是对产品的描述性文字，用以说明包装的内置物，并且对其品种、花色、口味、特色或益处进行介绍（见图 8.161）。说明文稿也可以介绍产品与自身系列产品的区别，有时产品二级文稿就是说明文稿。产品种类不同，说明文稿的处理方式也不一样，但它是从属于产品与品牌名称的，是一种辅助性的元素，因此在编排设计时，说明文稿在版式风格上要和产品与品牌名称保持一致（见图 8.162）。

3）营销文稿

营销文稿是用于推销产品的宣传性文稿，其作用在于突出和强调产品的独特之处。通常营销文稿是包装设计中讲故事、渲染气氛的部分，其位置和视觉安排也要符合自身身份。一般宣传文稿的处理应弱于包装二级文稿，通常会安排在主要展示版面之外。例如，希腊 Iliada 特级橄榄油的产品目标人群是最高端的消费者，为了在货架上能够醒目突出，包装采用不同于常规橄榄油包装的符号语言。营销文稿"Greek Extra Olive Oil"（希腊特级橄榄油）被放置在瓶体的中上部，处于醒目的位置（见图 8.163）。墨西哥龙舌兰酒为强调产品是墨西哥中部洛斯·阿特兹（LosAltos）高地的优质蓝色龙舌兰酿造，营销文本"100%AGAVE"（龙舌兰），放置在玻璃瓶中央突出的位置（见图 8.164）。

图 8.161
酒精饮料 澳大利亚

图 8.162
限量版威士忌包装 法国

图 8.163
特级橄榄油包装 希腊

图 8.164
龙舌兰酒 墨西哥

图 8.165
大米包装 巴林

图 8.166
冰激凌包装 巴西

4）规定性文稿

依据质量监督管理部门相关规定，食品、医药、保健品等产品包装需要列出包括营养信息、重量、尺寸和净含量说明、成分等内容，这些强制性文本统称为规定性文稿。比如，美国食品和药品管理局规定：化妆品、药品、食品和用于人体吸收或局部使用的产品必须写明营养成分、重量、尺寸、个数、时间等信息，对规范性文稿的范围尺寸和位置编排也做了指导性意见。在包装编排时，通常选用同一种字体和格式，用单一的颜色来确保内容清晰易读。例如 Mekong Red Dragon Rice 大米包装。越南民间传说中，有一只善良的龙，生活在湄公河的九个河口。龙用血浇灌河口的土地，土地因此肥沃富饶而盛产大米。包装上使用传统插画表现湄公河，以及大米生长、收割、运输和买卖过程背面和侧面的规定性文稿采用一种字体水平排列，与正面的插图风格和色彩协调统一（见图 8.165）。

在包装设计中，品牌或产品名称、说明文稿一般放置在商品包装的正面，而规定性文稿则放置在商品包装的侧面或背面（见图 8.166）。这样做不仅符合消费者的阅读习惯，同时也有利于信息传达的秩序感与有效性。当然，随着时代发展和需求的多元，应倡导编排设计的创新探讨。

8.6.4 设计法则

1. 对称与均衡

大自然、动物、植物，乃至人类的对称性法则，给人以稳定、平衡、和谐与安全的视觉印象。符合人的心理认知和审美诉求，所以，在编排设计中普遍沿用对称的法则。对称的版面是等量等形的绝对平衡，可分为以垂直轴线为轴心的左右对称，以水平轴线为基准的上下对称，和以中心点为轴心的放射性对称。对称的编排给人稳重、大方、高雅的感觉。当然绝对对称的编排设计有时会显得有些呆板，应注意版面局部的活跃性设计。如葡萄牙 Ginjad's Obidos 樱桃酒，用奥比多思的樱桃酿造，其因质优和产地的中世纪古堡而闻名。瓶型设计精致、女性化，简洁典雅。容器里漂动的樱桃，为对称的瓶贴构图形式增添了动感和灵气（见图 8.167）。

图 8.167
樱桃酒包装
葡萄牙

英国 Bill's 奶昔，包装以草莓、巧克力和香草为元素，赋予每款产品独特的设计风格和亮丽的色彩，营造出糖果商店的感觉，成功吸引了 12~25 岁的消费者。在版面编排上，文字与插图均采用左右对称的方式，虽然插图形式活泼，但整体协调统一（见图 8.168）。

均衡是一种等量不等形的相对平衡。在包装编排设计中体现为各要素之间、主体形象元素与其他形象元素之间的主次与视觉分量的安排。换言之，也就是运用等量不等形的手法，表现内在的、含蓄的秩序和平衡，达到视觉上的稳定感。均衡的编排形式稳中求变，变中求稳。如英国 Dr Atuart's 茶品包装左上角竖排的黑色品牌文字与右下角的图形及浅色二级文字在视觉心理上达到均衡（见图 8.169）。

图 8.168
奶昔包装 英国

泰国 Mew 谷物豆奶，目标消费者是年轻人和追求生活情趣的城市白领。设计运用几何形插画显示与每种口味相关的趣味活动。品牌文字采用较粗重的字体，占版面四分之一，插画位于版面下方，占版面三分之二，产品品牌文字虽然面积不等，但使人感到均衡有序（见图 8.170）。

图 8.169
茶品包装 英国

图 8.170
谷物豆奶包装　泰国

图 8.171
橄榄包装　巴林

图 8.172
牛仔裤包装　英国

2. 对比与调和

　　对比是对差异的强调。在包装编排设计中一般指利用文字与图形、图形与图形的变化构成。如面积对比、色彩对比、形态对比等，形成大小、黑白、弱强、曲直、动静、刚柔、疏密、虚实的对比，形成强烈的反差。

　　调和是对对比形成的反差进行协调，营造矛盾统一的视觉美感。一般指编排设计中局部与整体以及局部与局部的关系，是将各种元素冲突变化为和谐，构成整体的调性，它们之间相辅相成，缺一不可。

　　例如巴林 Divine 橄榄包装，采用了装着橄榄的陶罐、绳子、软木塞、木珠子和蜡封及不规则形标签，整体上给人纯天然的感受。小亚细亚风格的插图与品牌文字风格和谐，白色的瓶贴与陶罐的瓦红色形成色彩对比，虽然色彩的纯度不高，但整体醒目、协调。（见图 8.171）。

　　图 8.172 所示的英国 Kikori 牛仔裤包装，该品牌围绕樵工及樵树展开。包装开启部位的斜线正好将盒面上的树形截断，巧妙地表述了品牌故事。包装材料取材于松树，明显的木纹上与牛仔布的纹理和色彩形成对比，同时表达了布鲁奥德天然成分，给人带来舒适的感受。

3. 比例与分割

　　哲学家毕达哥拉斯学派将数定义成比例，提出了黄金分割比，这种比例广泛地存在于我们生活的世界。还有以正方形的对角线为长边，正方形的一边为短边，求得的长方形是德国标准比例。一般认为德国标准比例给人大方、朴素、公正、有力之感。例如，俄罗斯 Samurai 伏特加酒包装中，容器及外包装采用硬朗的切割般的外形设计，强烈、硬朗的切割线有效地传达出伏特加酒的高醇度特征（见图 8.173）。

还有诸如 2：3，5：9，1：1.414 也都是设计师常用的构图参考比例。例如，英国 Kshocol 巧克力包装，版面被分割成 1:1 或其他比例的黑、红、灰色色块，与金属容器形成对比，显得理性稳重（见图 8.174）。

直线可以分割成线段，块面可以分割成更小的单元。如何将整体划分为局部，分割后各部分之间关系如何，实质上就又涉及比例的问题。无论是单个字的比例，还是一段文字形成的字块，以及行距、字距，或是图形与文字之间的形状与大小等，都要考虑比例关系。

还有一种纵向分割能使二维的平面模拟三维空间的层次感，使利用块面的分割、元素叠加处理、色彩纯度或明度对比使版面中的各部分形成前后层次感，具有纵向延伸的趋势。如英国 Green & Spring 沐浴油包装，为零售商设计的一款新的奢侈品系列包装。品牌形象是一只鸟，将鸟的形象进行双色调的处理，鲜艳的色彩使其在视觉上有靠前的感觉，与后部浅灰色的文字形成对比，层次鲜明（见图 8.175）。

图 8.173
伏特加酒包装　俄罗斯

图 8.174
巧克力包装　英国

图 8.175
沐浴油包装　英国

4. 实形与虚形

实形与虚形是相对的。"实"指画面中可感知的形象,"虚"则反之。在包装设计的编排中,商品的核心信息一般被看做是"实"的部分,需要着重强调,其他次要信息为"虚",有时甚至以留白来衬托主体的"实"。所以,留白是版面"虚"处理中的一种特殊的手法。从美学的意义上讲,"虚"处的留白与"实"形相辅相成,具有同等重要的意义。正所谓以虚衬实,实由虚托。

例如以色列"OD"乳制品包装简洁到极致,采用大面积的空白(虚形),只留下品牌图形(实形)。这种处理使品牌更为突出(见图 8.176)。

日本 Toki Ga Kureta 液态咖啡精选三年生咖啡豆,用最好的一百眼山泉之一的山羊蹄山泉水冲泡而成。包装设计概念来源于"手工美",其标志为水滴形。包装整体留有大块空白,使标志和产品名称(实形)得以更加突出,展现了简洁的视觉和复杂的结构对比,给人以返璞归真之感(见图 8.177)。

图 8.176
乳制品包装 以色列

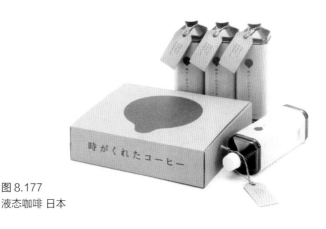

图 8.177
液态咖啡 日本

5. 节奏与韵律

"节奏"与"韵律"在包装设计中，是指按照一定的秩序，重复连续地排列，形成一种律动的设计手法（见图 8.178）。节奏与韵律通过特定图像、线条、形态等造型要素有规律地重复运动而产生，版面中的节奏可以是单位视觉元素等距离或非等距离的连续排列，也可以是形态大小、明暗、长短、形状、高低等的重复或渐变。相对而言，节奏把控是构成图面视觉韵律与风格的条件和基础。例如，法国 want ette 护肤品包装，蓝色大小不等的圆形图形重复并自由散布，形成富有动感的节奏（见图 8.179）。波兰 ISST 有机品茶包装，圆形泡状的图形错落有致，形成轻盈的韵律感，与透明的玻璃器皿形成虚实对比，传达出产品天然、清爽的设计诉求（见图 8.180）。

以上形式法则是包装编排设计视觉表现的重要手法。所有形式原则都具有不同的侧重点，在实际设计时应灵活掌握。

包装编排设计不仅应做到有效地传达商品信息，同时，通过设计师创造性的编排设计，塑造独特的视觉形象，吸引消费者的眼球，从而提高商品的竞争力。包装设计犹如"讲故事"，将有关商品的信息凝练成为视觉元素，依据创意的方向揭示其最核心的特质、特征。

图 8.178
糖果包装 比利时

图 8.179
护肤品包装 法国

图 8.180
有机品茶包装　波兰

本章思考题

包装设计的视觉元素有哪些?

包装设计中图形、文字、色彩的作用是什么?

如何通过编排设计有效传达商品信息?

第 9 章　法规与自律

教学安排

课程名称	《现代包装设计》九 ——法律与自律
课程内容	有关商品包装设计的法律法规及包装设计师的自律。
教学目的 与要求	了解相关商品包装及设计的法律法规，充分认识法律法规对包装设计的重要意义，树立包装设计师自觉遵守职业道德规范的意识。
教学方式 与课时	自学为主，讲授为辅，与讨论结合。讲授4课时，讨论4课时。
作业形式	完成阅读体会1000字左右。
参考书目	陆佳平编著.包装标准化与质量法规[M].北京：印刷工业出版社，2007 刘国靖主编.中国包装标准目录[M].北京：中国标准出版社，2006 包装国家汇编小组编.包装国家标准汇编[M].北京：中国标准出版社，2010

9.1 商品包装设计的有关法律法规

国家有关部门为了进一步规范商品包装在生产、流通、销售的各个环节，已颁布实施了 500 余项相关的法规和标准。其中，包括对商品信息的传达，以及包装的设计内容、质量标准、安全规范和环保要求等方面，现从商品包装总体特性的角度，结合专业特点，就涉及的相关法律法规予以简要介绍。

9.1.1 商品包装设计表现方面的有关规定

对于任何一款商品的包装设计，商标、图形或图像与文字的艺术性组合以及包装结构设计共同构成了商品包装设计表现的主要内容。在这一方面，体现商品专属性的商标设计和使用，具有传播性质的图文使用，以及可以作为外观设计申请并获得专利保护的包装外观、结构，国家现行法规进行了详细规定。

图 9.1
中华人民共和国商标法

1. 商标设计与使用的有关规定

《中华人民共和国商标法》（封面见图 9.1）自 1983 年 3 月 1 日起执行，2001 年第二次修正，其宗旨在于保护商标的专用权，维护商标的信誉，保障生产者、经营者和消费者的合法利益。在《商标法》的第八条、第九条明确了商标申请注册的形式要求，并在第十条详细规定了不得作为商标使用的有关标志，在第十一条和第十二条规定了不得注册的标志类型，摘要如下。

第十条规定下列标志不得作为商标使用：

（一）同中华人民共和国的国家名称、国旗、国徽、军旗、勋章相同或者近似的，以及同中央国家机关所在地特定地点的名称或者标志性建筑物的名称、图形相同的；

（二）同外国的国家名称、国旗、国徽、军旗相同或者近似的，但该国政府同意的除外；

（三）同政府间国际组织的名称、旗帜、徽记相同或者近似的，但经该组织同意或者不易误导公众的除外；

（四）与表明实施控制、予以保证的官方标志、检验印记相同或者近似的，但经授权的除外；

（五）同"红十字""红新月"的名称、标志相同或者近似的；

（六）带有民族歧视性的；

（七）夸大宣传并带有欺骗性的；

（八）有害于社会主义道德风尚或者有其他不良影响的。

县级以上行政区划的地名或者公众知晓的外国地名，不得作为商标。但是，地名具有其他含义或者作为集体商标、证明商标组成部分的除外；已经注册的使用地名的商标继续有效。

第十一条规定下列标志不得作为商标注册：

（一）仅有本商品的通用名称、图形、型号的；

（二）仅仅直接表示商品的质量、主要原料、功能、用途、重量、数量及其他特点的；

（三）缺乏显著特征的。

前款所列标志经过使用取得显著特征，并便于识别的，可以作为商标注册。

第十二条规定以三维标志申请注册商标的，仅由商品自身的性质产生的形状、为获得技术效果而需有的商品形状或者使商品具有实质性价值的形状，不得注册。

就商标使用角度，为确保商标的专属性，消除使用过程中假冒、误导等不正当行为，国家现行的多个法律法规均对此有不同角度的规定。其中《商标法》第十三条明确规定，"就相同或者类似商品申请注册的商标是复制、模仿或者翻译他人未在中国注册的驰名商标，容易导致混淆的，不予注册并禁止使用"。自1993年12月1日起施行的《中华人民共和国反不正当竞争法》也在第五条中规定了经营者不得采取"假冒他人的注册商标；擅自使用知名商品特有的名称、包装、装潢，或者使用与知名商品近似的名称、包装、装潢，造成和他人的知名商品相混淆，使购买者误认为是该知名商品"。

2. 商品包装图文设计使用的有关规定

a. 符合广告特征的图文使用规定：2005 年 11 月 15 日发布的《国家工商行政管理总局关于商品包装物广告监管有关问题的通知》中强调"商品包装中，除该类商品国家标准要求必须标注的事项以外的文字、图形、画面等，符合商业广告特征的，可以适用《广告法》规定进行规范和监管"。并对包装物广告的虚假、违法内容的惩处做出规定。

1995 年 2 月 1 日起执行的《中华人民共和国广告法》，在第七条中明确规定了广告中不应该出现的情形，摘录如下。

"第七条 广告内容应当有利于人民的身心健康，促进商品和服务质量的提高，保护消费者合法权益，遵守社会公告和职业首先，维护国家的尊严和利益。广告不得有下列情形：

（一）使用中华人民共和国国旗、国徽、国歌；

（二）使用国家机关和国家机关工作人员的名义；

（三）使用国家级、最高级、最佳等用语；

（四）妨碍社会安定和危害人身、财产安全，损害社会公共利益。

（五）妨碍社会公共秩序和违背社会良好风尚；

（六）含有淫秽、迷信、恐怖、暴力、丑恶的内容；

（七）含有民族、种族、宗教、性别歧视的内容；

（八）妨碍环境和自然资源保护；

（九）法律、行政法规规定禁止的其他情形。"

对于食品、药品、烟草、化妆品等特殊商品在商品包装设计方面的图文要求，将在第二节详细说明。

b. 商品条码使用规定：商品条码是由一组规则排列的条、空及其对应字符组成的用于表示商品特定信息的标识。2005 年 5 月 30 日，国家质量监督检验检疫总局发布的《商品条码管理办法》中规定：

"第十三条 商品条码的编码、设计及印刷应当符合《商品条码》(GB12904)等相关国家标准的规定。编码中心应当按照有关国家标准编制厂商识别代码。

第二十一条 任何单位和个人未经核准注册不得使用厂商识别代码和相应的条码。

任何单位和个人不得在商品包装上使用其他条码冒充商品条码；不得伪造商品条码。"

c. 地理标志产品专用标志使用规定：自 2007 年 1 月 30 日起施行，由国家工商行政管理总局发布的《地理标志产品专用标识管理办法》，就规范地理标志产品专用标志的使用规定如下。

　　"第三条专用标志的基本图案由中华人民共和国国家工商行政管理总局商标局中英文字样、中国地理标志字样、GI 的变形字体、小麦和天坛图形构成，绿色（C60、M0、Y100、K0；C100、M0、Y100、K50）和黄色（C0、M20、Y100、K0）为专用标志的基本组成色。

　　第四条已注册地理标志的合法使用人可以同时在其地理标志产品上使用该专用标志，并可以标明该地理标志注册号。

　　第五条专用标志使用人可以将专用标志用于商品、商品包装或者容器上，或者用于广告宣传、展览以及其他商业活动中。

　　第六条使用专用标志无须缴纳任何费用。

　　第七条专用标志应与地理标志一同使用，不得单独使用。

　　第八条地理标志注册人应对专用标志使用人的使用行为进行监督。专用标志应严格按照国家工商行政管理总局商标局颁布的专用标志样式使用，不得随意变化。"

3. 商品包装外观设计专利权的有关规定

图 9.2
中华人民共和国专利法

　　如图 9.2 所示，自 2009 年 10 月 1 日起执行的《中华人民共和国专利法》（第三次修正）第二条中提出"外观设计，是对产品的形状、图案或者其结合以及色彩与形状、图案的结合所作出的富有美感并适用于工业应用的新设计"。第二十三条中强调"授予专利权的外观设计，应当不属于现有设计；也没有任何单位或者个人就同样的外观设计在申请日以前向国务院专利行政部门提出过申请，并记载在申请日以后公告的专利文件中。

　　授予专利权的外观设计与现有设计或者现有设计特征的组合相比，应当具有明显区别。授予专利权的外观设计不得与他人在申请日以前已经取得的合法权利相冲突。

　　本法所称现有设计，是指申请日以前在国内外为公众所知的设计"。

　　商品包装的外观设计达到了专利法的规定要求后，便可以申请专利，并得到法律保护。应当注意的是，在第二十五条中还强调了"对平面印刷品的图案、色彩或者二者的结合作出的主要起标识作用的设计"不授予专利权。

9.1.2 商品包装设计质量与安全方面的有关规定

　　商品包装的质量与安全是关系到经济发展、市场秩序与消费者利益的关键因素，国家法规从各个角度对此类问题进行了详细而严格的规定。涉及到商品包装设计，主要包括商品包装质量与安全的总体要求、传达商品质量和安全方面的认证标识使用以及在包装设计材料、工艺等方面各个行业的选用标准等内容。

1. 商品包装质量与安全的总体规定

图 9.3
中华人民共和国产品质量法

　　《中华人民共和国产品质量法》（封面见图 9.3）的有关规定：商品包装的质量标准和安全性能是国家法规规范要求的重点。自 2000 年 9 月 1 日起施行的《中华人民共和国产品质量法》（修正）对产品及包装物的质量安全方面进行了总体规定，对不能够保障人体健康，不符合人身财产安全的国家标准、行业标准的产品，有严重质量问题的产品，应该对那些直接用于生产和销售该产品的原材料、辅材料、包装物、生产工具等予以查封或扣押。该法第五条和第二十七条对产品或者包装的真实性原则提出了明确的要求：

　　　　"第五条禁止伪造或者冒用认证标志等质量标志；禁止伪造产品的产地，伪造或者冒用他人的厂名、厂址；禁止在生产、销售的产品中掺杂、掺假，以假充真，以次充好。

　　第二十七条产品或者其包装上的标识必须真实，并符合下列要求：

　　（一）有产品质量检验合格证明；

　　（二）有中文标明的产品名称、生产厂厂名和厂址；

　　（三）根据产品的特点和使用要求，需要标明产品规格、等级、所含主要成分的名称和含量的，用中文相应予以标明；需要事先让消费者知晓的，应当在外包装上标明，或者预先向消费者提供有关资料；

　　（四）限期使用的产品，应当在显著位置清晰地标明生产日期和安全使用期或者失效日期；

（五）使用不当，容易造成产品本身损坏或者可能危及人身、财产安全的产品，应当有警示标志或者中文警示说明。

裸装的食品和其他根据产品的特点难以附加标识的裸装产品，可以不附加产品标识。"另外，第二十八条中要求对"易碎、易燃、易爆、有毒、有腐蚀性、有放射性等危险物品"的包装必须符合相应要求，对于上述危险品在储运过程中不能倒置和其他的特殊要求，必须严格依照国家有关规定，作出必要的警示标志或是中文警示说明，对于储运的注意事项要标示清楚。

定量包装商品计量管理规定

根据中华人民共和国《产品质量法》及有关规定，国家质量技术监督局于 2001 年 4 月 6 日发布了《定量包装商品生产企业计量保证能力评价规定》，要求"生产定量包装产品的企业必须有包含净含量要求的产品标准，并符合《定量包装商品计量监督规定》中的要求，在商品包装上明确标注定量商品的净含量，应能防止商品在包装（分装）和运输过程中的渗漏和破损"。"经核查符合《规范》要求的企业，由受理申请的省级质量技术监督部门予以备案并颁发全国统一的《定量包装商品生产企业计量保证能力证书》（以下简称'证书'），允许在其生产的定量包装商品上使用全国统一的计量保证能力合格标志'C'。"

2. 商品质量和安全方面的认证标志使用规定

商品质量与安全方面的认证管理方式比较多，比如ISO9000 质量管理体系认证、ISO14000 环境管理体系认证、OHSMS18000 职业健康安全管理体系认证、QS9000 质量体系认证，以及不同国家或者不同行业的产品或服务在质量、安全方面的认证要求。认证标志在商品包装设计中的使用，代表了该产品已经通过认证相关部门的检测，只有获得了该项认证证书才能合法使用。

图 9.4
QS 质量安全标志

我国正在加大力度推行包装的市场准入制度，主要针对的是涉及质量安全等要求的产品及其包装，这是与国家法规及相关规定相配套的制度保证。现就目前已经推行并应用较为广泛的"QS"（标志见图 9.4）和"CCC"（标志见图 9.5），即："Quality Safety 质量安全"和"China Compulsory Certification 中国强制认证"标志使用规定作简要介绍。

图 9.5
CCC 中国强制认证标志

质量安全认证标志

QS 是英文 Quality Safety(质量安全) 的缩写，是国家质检总局根据《中华人民共和国产品质量法》《中华人民共和国标准化法》《工业产品生产许可证试行条例》等法律法规以及《国务院关于进一步加强产品质量工作若干问题的决定》的有关规定，制定的对产品及其加工生产企业的监管制度。自 2004 年 1 月 1 日起，首先在关乎民生的大米、食用植物油、酱油、醋、小麦等五类食品行业中推行，第二批实行市场准入制度的包括"肉制品、乳制品、方便食品、速冻食品、膨化食品、调味品、饮料、饼干、罐头"十类食品，并将对全部 28 类食品实行市场准入制度。

获得食品质量安全生产许可证的企业，其生产加工的食品经出厂检验合格的，在出厂销售之前，必须在最小销售单元的食品包装上标注由国家统一制定的食品质量安全生产许可证编号并加印或者加贴质量安全市场准入标志"QS"，方能出厂销售。"QS"标志的式样和使用办法由国家质检总局统一制定。标志以蓝色为主色调，字母"Q"与"质量安全"4 个中文字样为蓝色，"Q"内部的字母"S"为白色，使用时可根据需要按比例放大或缩小，但不得变形、变色。

强制性产品认证标志

中国强制性产品认证简称CCC认证或3C认证，是英文China Compulsory Certification的缩写。2001年12月，国家质检总局发布了《强制性产品认证管理规定》，强调"为保护国家安全、防止欺诈行为、保护人体健康或者安全、保护动植物生命或者健康、保护环境，国家规定的相关产品必须经过认证（以下简称强制性产品认证），并标注认证标志后，方可出厂、销售、进口或者在其他经营活动中使用"。

CCC 认证标志的式样由基本图案和认证种类标注组成，在认证标志基本图案的右侧标注该产品认证种类的英文缩写字母代表其认证种类，并要求"按照认证规则规定在产品及其包装、广告、产品介绍等宣传材料中正确使用和标注认证标志，任何单位和个人，不得伪造、变造、冒用、买卖和转让认证证书和认证标志。"

3. 包装设计材料及工艺方面的行业标准规定

国家包装标准法规的相继出台并予以实施，为促进包装行业的良性发展，有效保障消费者的切身利益提供了法规保障，主要包括包装标准化工作导则、包装术语、包装尺寸、包装标志、运输包装件基本测验、包装技术、包装管理、包装材料、包装材料试验方法、包装容器、包装机械、商品包装、标志运输与储存以及相关标准等内容。

作为包装设计师，应根据自己所从事的行业特点主动查阅并全面了解相关国家行业标准，以确保自己的商品包装设计能够达到国家相关标准的要求。同时，应当注意现行国家标准会随着社会经济发展而进行修订和增订，在了解已有标准的基础上，应对国家新颁布和修订的相关标准及时了解并贯彻执行。

9.1.3 商品包装设计环保和可持续发展方面的有关规定

国家本着节约能源、防止污染以及促进可持续发展的原则，对商品包装的生产流通环节，在多项法律法规中提出了详细的规定，并针对市场出现的过度包装问题提出了治理整顿意见。同时，也提出鼓励包装设计生产在开发新材料、运用新工艺方面的革新，以更好地实现环保和可持续发展的要求。此类规定对于商品包装设计师来说，应当在设计之始，就包装材料和工艺的选择、回收利用的可行性以及避免过度包装等方面结合国家相关要求，予以遵照执行。

1. 商品包装设计环保方面的法律规定

现行国家法律法规就商品包装防止污染、回收利用、材料选择以及促进可持续发展等方面进行了规定，就其中的重要规定列举如下。

自1989年12月26日起施行的《中华人民共和国环境保护法》中规定："食品在生产、加工、包装、运输、储存、销售过程中应防止污染；生产、储存、运输、销售、使用有毒化学物品和含有放射性物质的物品，必须遵守国家有关规定，防止污染环境。"

2003年1月1日起施行的《中华人民共和国清洁生产促进法》中提出："产品和包装物的设计，应当考虑其在生命周期中对人类健康和环境的影响，优先选择无毒、无害、易于降解或者便于回收利用的方案。生产、销售被列入强制回收目录的产品和包装物的企业，必须在产品报废和包装物使用后对该产品和包装物进行回收。"

2005年4月1日起施行的《中华人民共和国固体废物污染环境防治法》则要求："生产、销售、进口依法被列入强制回收目录的产品和包装物的企业，必须按照国家有关规定对该产品和包装物进行回收。收集、储存、运输、处置危险废物的场所、设施、设备和容器、包装物及其他物品转作他用时，必须经过消除污染的处理，方可使用。"

2009 年 9 月 1 日起实施的《中华人民共和国循环经济促进法》中强调，从事包装物设计，"应当按照减少资源消耗废物产生的要求，优先选择采用易回收、易拆解、易降解、无毒无害或者低毒低害的材料和设计方案，并应当符合有关国家标准的强制性要求。"设计商品包装物时，应当执行商品包装标准，防止过度包装造成资源浪费和环境污染。

由中国包装技术协会、中国包装总公司提出并归口管理，1999 年 1 月 1 日开始实施的《包装资源回收利用暂行管理办法》阐明了包装术语与包装的分类，规定了"纸、木、塑料、金属、玻璃等包装废弃物回收利用的管理原则、回收渠道、回收办法、分级原则、储存和运输、回收复用品种、复用办法、复用的技术要求、试验方法、检验规则、包装废弃物的处理与奖惩原则、附则"等内容。

2. 治理过度包装问题的有关规定

2009 年 1 月 23 日，国务院办公厅发布了《关于治理商品过度包装工作的通知》，针对目前市场中部分企业为提高产品价格，利用增加包装层次、包装空隙，提高包装材料成本，搭售贵重物品以及对月饼、茶叶、酒类、化妆品、保健食品等过度包装的不良现象，结合近几年有关部门对月饼等过度包装问题初步整治的成效，提出"对直接关系人民群众生活和切身利益的商品，要在满足保护、保质、标识、装饰等基本功能的前提下，按照减量化、再利用、资源化的原则，从包装层数、包装用材、包装有效容积、包装成本比重、包装物的回收利用等方面，对商品包装进行规范，引导企业在包装设计和生产环节中减少资源消耗，降低废弃物产生，方便包装物回收再利用。"同时，在《通知》中强调"要加强包装领域的技术创新，积极开发新材料、新工艺、新设备，减少材料用量、减少污染，提高包装物的回收利用率，促进包装业健康发展。"

2005 年 9 月 5 日，国家质检总局和国家标准委发布了《月饼强制性国家标准》。针对月饼包装、产品分类、技术要求、试验方法、检验规则、标签标志、运输和贮存等方面内容进行了强制性规定要求。就月饼包装方面提出的强制性要求有包装成本应不超过月饼出厂价格的 25%；单粒包装的空位应不超过单粒总容积的 35%，单粒包装与外盒包装内壁及单粒包装间的平均距离应不超过 2.5 厘米；脱氧剂、保鲜剂不应直接接触月饼。

为了使该标准更具科学性和可操作性，国家标准化管理委员会还批准发布了修改规定：将单粒包装的强制性要求修改为："每千克月饼的销售包装容积应不超过 9.00×10^3 立方厘米。"另外，在月饼包装中搭售物品的，如果市场价格明显超过月饼自身价格的，专用名称就不应该标示为月饼。

9.2 特殊商品包装标识标签设计的有关法规

对于关乎民生健康的食品、药品、化妆品、烟草等特殊商品包装的设计生产，近几年国家加大了监管力度，相继修订并出台了多项法律法规及强制性标准。其中，根据 1997 年 11 月 7 日由国家质量技术监督局签发的《产品标识标注规定》以及相关法规要求而制定的关于包装、标签标识、说明书的系列管理办法，对商品包装设计有着重要的规范和指导意义。

9.2.1 食品包装标识标签设计的有关规定

关于食品包装标识标签设计的法律规定，主要体现在《中华人民共和国食品卫生法》以及由国家质量监督检验检疫总局发布的《食品标识管理规定》中，为总体要求以及相应细节管理提供了法律法规依据。

1.《中华人民共和国食品卫生法》中的有关规定

自 2009 年 6 月 1 日起施行的《中华人民共和国食品卫生法》（封面见图 9.6）对食品生产、加工、贮存、运输各环节中食品包装的质量、卫生、安全方面提出了明确的要求，并对食品包装标识标签的必备性、真实性和规范性进行了总体法律规定。要求应当把与食品安全、营养有关的标签、标识、说明书的要求纳入食品安全标准；禁止生产经营无标签的预包装食品；散装食品的容器、在外包装上应当标明食品的名称、生产日期、保质期、生产经营者名称及联系方式等内容；

图 9.6
中华人民共和国食品安全法

食品和食品添加剂与其标签、说明书所载明内容不符的，不得上市销售；食品和食品添加剂的标签、说明书，不得含有虚假、夸大的内容，不得涉及疾病预防、治疗功能；食品经营者应当按照食品标签标示的警示标志、警示说明或者注意事项的要求，销售预包装食品。同时对于进口的预包装食品进行了规定：要求进口的预包装食品应当有中文标签、中文说明书。标签、说明书应当符合本法以及我国其他有关法律、行政法规的规定和食品安全国家标准的要求，标明食品的原产地以及境内代理商的名称、地址、联系方式。预包装食品没有中文标签、中文说明书或者标签、说明书不符合本条规定的，不得进口。

关于食品包装标签需要标明的信息，《食品安全法》也作了总体规定，摘录如下：

"四十二条预包装食品的包装上应当有标签。标签应当标明下列事项：

（一）名称、规格、净含量、生产日期；

（二）成分或者配料表；

（三）生产者的名称、地址、联系方式；

（四）保质期；

（五）产品标准代号；

（六）贮存条件；

（七）所使用的食品添加剂在国家标准中的通用名称；

（八）生产许可证编号；

（九）法律、法规或者食品安全标准规定必须标明的其他事项。

专供婴幼儿和其他特定人群的主辅食品，其标签还应当标明主要营养成分及其含量。"

2.《食品标识管理规定》中的有关规定

由国家质量监督检验检疫总局公布，2008 年 9 月 1 日开始施行的《食品标识管理规定》对食品标识的真实性、标注规范以及具体的标注形式提出了详细的要求。提出"本规定所称食品标识是指粘贴、印刷、标记在食品或者其包装上，用以表示食品名称、质量等级、商品量、食用或者使用方法、生产者或者销售者等相关信息的文字、符号、数字、图案以及其他说明的总称。"并要求，食品标识中食品名称应当符合国家规范，标注"新创名称""奇特名称""音译名称""牌号名称""地区俚语名称"或者"商标名称"等易使人误解食品属性的名称时，应当在所示名称的邻近部位使用同一字号标注采用国家标准、行业标准规定的名称，或者使用不会引起消费者误解和混淆的常用名称或俗名；食品标识应当标注食品的产地、生产者的名称和地址，清晰地标注食品的生产日期和保质期；对于定量包装食品，在标识中应当标注出《定量包装商品计量监督管理办法》所规定的净含量，并与食品名称排在食品包装的统一展示版面；食品标识还应当标注食品的配料清单；标注企业所执行的国家标准、行业标准、地方标准号或经备案的企业标准号；实施生产许可证管理的食品，食品标识应当标注食品生产许可证编号及 QS 标志；混装非食用产品易造成误食，使用不当，容易造成人身伤害的，应当在其标识上标注警示标志或中文警示说明。

《食品标识管理规定》还列举了食品标识中不应该标注的内容：明示或者暗示具有预防、治疗疾病作用的；非保健食品明示或者暗示具有保健作用的；以欺骗或者误导的方式描述或者介绍食品的；附加的产品说明无法证实其依据的；文字或者图案不尊重民族习俗，带有歧视性描述的；使用国旗、国徽或者人民币等进行标注的以及其他法律、法规和标准禁止标注的内容。

《食品标识管理规定》就食品标识的标注形式规定如下：

"第三章食品标识的标注形式

第二十条食品标识不得与食品或者其包装分离。

第二十一条食品标识应当直接标注在最小销售单元的食品或者其包装上。

第二十二条在一个销售单元的包装中含有不同品种、多个独立包装的食品，每件独立包装的食品标识应当按照本规定进行标注。

透过销售单元的外包装，不能清晰地识别各独立包装食品的所有或者部分强制标注内容的，应当在销售单元的外包装上分别予以标注，但外包装易于开启识别的除外；能够清晰地识别各独立包装食品的所有或者部分强制标注内容的，可以不在外包装上重复标注相应内容。

第二十三条食品标识应当清晰醒目，标识的背景和底色应当采用对比色，使消费者易于辨认、识读。

第二十四条食品标识所用文字应当为规范的中文，但注册商标除外。

食品标识可以同时使用汉语拼音或者少数民族文字，也可以同时使用外文，但应当与中文有对应关系，所用外文不得大于相应的中文，但注册商标除外。

第二十五条食品或者其包装最大表面面积大于 20 平方厘米时，食品标识中强制标注内容的文字、符号、数字的高度不得小于 1.8 毫米。

食品或者其包装最大表面面积小于 10 平方厘米时，其标识可以仅标注食品名称、生产者名称和地址、净含量以及生产日期和保质期。但是，法律、行政法规规定应当标注的，依照其规定。"

另外，对于乙醇含量 10％以上（含 10％）的饮料酒、食醋、食用盐、固态食糖类，可以免除标注保质期。

9.2.2 药品包装标识标签设计的有关规定

关于药品包装标识标签设计的法律规定，主要体现在《中华人民共和国药品管理法》以及由国家药品监督管理局发布的《药品包装、标签和说明书管理规定》及实施细则中，为总体要求以及相应细节管理提供了法律法规依据。

1.《中华人民共和国药品管理法》有关规定

《中华人民共和国药品管理法》（封面见图9.7）自2001年12月1日起施行。它规定有效期的药品必须在包装上注明药品的品名、规格、生产企业、批准文号、产品批号、主要成分、适应症、用法、用量、禁用、不良反应和注意事项；直接接触药品的包装材料和容器，必须符合药用要求，符合保障人体健康、安全的标准，并由药品监督管理部门在审批药品时一并审批；要求发运中药材必须有包装；在每件包装上，必须注明品名、产地、日期、调出单位，并附有质量合格的标志；麻醉药品、精神药品、医疗用毒性药品、放射性药品、外用药品和非处方药的标签，必须印有规定的标志。

图 9.7
中华人民共和国药品管理法

2.《药品包装、标签和说明书管理规定（暂行）》及实施细则的有关规定

自2001年1月1日起执行的《药品包装、标签和说明书管理规定（暂行）》要求：药品包装、标签及说明书必须按照国家药品监督管理局规定的要求印制，其文字及图案不得加入任何未经审批同意的内容；药品包装内不得夹带任何未经批准的介绍或宣传产品、企业的文字、音像制品及其他资料，在实施细则中进一步提出不得使用如"国家级新药""中药保护品种""GMP认证""进口原料分装""监制""荣誉出品""获奖产品""保险公司质量保险""公费报销""现代科技""名贵药材"等；凡在中国境内销售、使用的药品，其包装、标签及说明书所用文字必须以中文为主，并使用国家语言文字工作委员会公布的规范化汉字；药品的通用名称必须用中文显著标示，如同时有商品名称，则通用名称与商品名称用字的比例不得小于1：2，通用名称与商品名称之间

应有一定空隙，不得连用；药品商品名称须经国家药品监督管理局批准后方可在药品包装、标签及说明书上标注；提供药品信息的标志及文字说明，字迹应清晰易辨，标示清楚醒目，不得有印字脱落或粘贴不牢等现象，并不得用粘贴、剪切的方式进行修改或补充。

药品的内包装标签必须标注药品名称、规格及生产批号。中包装标签应注明药品名称、主要成分、性状、适应症或者功能主治、用法用量、不良反应、禁忌症、规格、贮藏、生产日期、生产批号、有效期、批准文号、生产企业等内容。大包装标签应注明药品名称、规格、贮藏、生产日期、生产批号、有效期、批准文号等。标签上有效期具体表述形式应为"有效期至 × 年 × 月"。药品的说明书应列有以下内容：药品名称、分子式、分子量、结构式、性状、药理毒理、药代动力学、适应症、用法用量、不良反应、禁忌症、注意事项、药物过量、有效期、贮藏、批准文号、生产企业等内容。

9.2.3 化妆品包装标识设计的有关规定

经国家质量监督检验检疫总局审议通过，自 2008 年 9 月 1 日起施行的《化妆品标识管理规定》，对化妆品的范围、标识内容以及标注规范提出了明确的规定。

就适用于《化妆品标识管理规定》的"化妆品"适用范围，《规定》中强调"是指以涂抹、喷、洒或者其他类似方法，施于人体（皮肤、毛发、指趾甲、口唇齿等），以达到清洁、保养、美化、修饰和改变外观，或者修正人体气味，保持良好状态为目的的产品"。根据此规定，牙膏类产品也被纳入管理范围之中。

该《规定》要求，"所称化妆品标识是指用以表示化妆品名称、品质、功效、使用方法、生产和销售者信息等有关文字、符号、数字、图案以及其他说明的总称"，并且在第二章明确提出，对于化妆品标识的标注内容，必须遵守真实、准确、科学、合法的原则；化妆品的标识应当标注符合国家标准和行业标准的化妆品名称，标注"奇特名称"的，应当在相邻位置，以相同字号标注产品名称，并不得违反国家相关规定和社会公序良俗；化妆品标识应当明确标注实际生产加工地、标注生产者名称和地址、标注符合国家计量标准要求的净含量以及化妆品的生产日期、保质期或者生产批号和限期使用日期。在质量保证方面，该规定还要求化妆品的标识应当标注符合相应标准规定的全成分表；标注企业所执行的国家标准、行业标准号或者经备案的企业标准号，并且必须具备产品质量检验合格证明；化妆品标识还应当标注符合《中华人民共和国工业产品生产许可证管理条例实施办法》有关规定的生产许可证标志和编号。

在《化妆品标识管理规定》的第三章，明确了化妆品标识的标注形式，具体条目如下：

"第三章化妆品标识的标注形式

第十七条化妆品标识不得与化妆品包装物（容器）分离。

第十八条化妆品标识应当直接标注在化妆品最小销售单元（包装）上。化妆品有说明书的应当随附于产品最小销售单元（包装）内。

第十九条透明包装的化妆品，透过外包装物能清晰地识别内包装物或者容器上的所有或者部分标识内容的，可以不在外包装物上重复标注相应的内容。

第二十条化妆品标识内容应清晰、醒目、持久，使消费者易于辨认、识读。

第二十一条化妆品标识中除注册商标标识之外，其内容必须使用规范中文。使用拼音、少数民族文字或者外文的，应当与汉字有对应关系，并符合本规定第六条规定的要求。

第二十二条化妆品包装物（容器）最大表面面积大于 20 平方厘米的，化妆品标识中强制标注内容字体高度不得小于 1.8 毫米。除注册商标之外，标识所使用的拼音、外文字体不得大于相应的汉字。

化妆品包装物（容器）的最大表面的面积小于 10 平方厘米且净含量不大于 15 克或者 15 毫升的，其标识可以仅标注化妆品名称，生产者名称和地址，净含量，生产日期和保质期或者生产批号和限期使用日期。产品有其他相关说明性资料的，其他应当标注的内容可以标注在说明性资料上。

第二十三条化妆品标识不得采用以下标注形式：

（一）利用字体大小、色差或者暗示性的语言、图形、符号误导消费者；

（二）擅自涂改化妆品标识中的化妆品名称、生产日期和保质期或者生产批号和限期使用日期；

（三）法律、法规禁止的其他标注形式。"

9.2.4 卷烟包装标识设计的有关规定

自 2009 年 1 月 1 日起施行的《中华人民共和国境内卷烟包装标识的规定》是根据世界卫生组织《烟草控制框架公约》的相关规定和要求，根据《中华人民共和国产品质量法》和《中华人民共和国烟草专卖法》的规定而制定。由于该规定的各项条款均涉及卷烟包装设计的具体要求，因此逐条刊录如下。

"第一条本规定适用于在我国境内生产的所有非出口卷烟和国外进口卷烟的条、盒包装和标识。

第二条卷烟包装体上及内附说明中禁止使用误导性语言，如"保健""疗效""安全""环保""低危害"等卷烟成分的功效说明用语；"淡味""超淡味""柔和"等卷烟品质说明用语；"中低焦油""低焦油""焦油含量低"等描述用语。

第三条卷烟包装体上应使用中华人民共和国的规范中文汉字和英文印刷健康警语。警语内容分两组：

第一组：吸烟有害健康

SMOKING IS HARMFUL TO YOUR HEALTH

戒烟可减少对健康的危害

QUIT SMOKING REDUCES HEALTH RISK

第二组：吸烟有害健康

SMOKING IS HARMFUL TO YOUR HEALTH

尽早戒烟有益健康

QUIT SMOKING EARLY IS GOOD FOR YOUR HEALTH

第四条健康警语必须轮换使用。在市场流通环节中的同一品牌、同一规格、同一包装、同一条码的卷烟，其条、盒每年应轮流或同时使用两组不同健康警语标识，同时使用时不要求条、盒警语一一对应。

第五条健康警语应位于卷烟条、盒包装正面和背面，正面使用中文警语，背面使用对应英文警语。警语区域所占面积不应小于其所在面的 30%，底色可采用原商标的底色（纹）。

第六条盒包装健康警语应位于其所在面下部，条包装健康警语应位于其所在面右侧。

第七条健康警语应明确、清晰和醒目，易于识别。中文字体采用黑体字，英文采用 Arial Narrow 字体，中文字体高度不得小于 2.0mm，英文不得大于相应汉字。颜色采用与警语区域底色有一定差异的色组。

第八条卷烟包装体应按照国家标准要求标注焦油量、烟气烟碱量及烟气一氧化碳量等烟气成分和释放物的信息，中文字体高度不得小于 2.0mm。卷烟条、盒包装的其他标识也应符合国家标准的相关要求。

第九条本规定自 2009 年 1 月 1 日起施行并由国家烟草专卖局、国家质量监督检验检疫总局负责解释。"

另外，国家相关管理机构对医疗器械、农产品、危险品等的包装标识都有系列规定。

9.3 进出口商品包装设计的有关法规

关于进出口商品包装设计的有关规定，主要涉及商品输出和输入国的相关法律法规要求，对于进口商品的包装，我国现行法规在安全检疫、质量规范和商品标识方面有着多方面的要求；而对于出口商品，则需要多方面了解商品目的地国家的有关包装规定。

9.3.1 商品包装材料的安全与环保要求规定

对于进出口商品包装的法规要求，很多国家基于安全和环保的原则，制定了对商品包装材料、包装工艺，尤其是涉及人身安全的食品包装进行检验、检疫的规定。

1. 中国对进出口包装材料的有关规定

中国现行的《中华人民共和国进出口商品检验法》（封面见图9.8）及实施条例，《中华人民共和国进出境动植物检疫法》及实施条例，以及《出境货物木质包装检疫处理管理办法》等法规条例，对进出口商品包装的安全卫生要求、动植物性包装物、铺垫材料出入境的质量和污染的检测检疫等方面提出要求。

2006年8月1日起实施的《进出口食品包装容器、包装材料实施检验监管工作管理规定》，针对进出口食品包装的检验提出：进口食品包装的安全、卫生检验检疫等工作将由收货人报检时申报的目的地检验检疫机构检验和监管，

图9.8
中华人民共和国进出口商品检验法

合格后方可用于包装、盛放食品；对出口食品包装主要依据输入国涉及安全、卫生的技术规范强制性要求检验；输入国法规无特殊要求的，依据我国的技术规范强制性要求检验；对进口食品包装依据我国的技术规范强制性要求检验；出口食品包装的生产原料（包括助剂等）及产品的企业，须符合相应的安全卫生技术法规强制性要求，不得使用不符合安全卫生要求或有毒有害材料生产与食品直接接触的包装产品。生产出口食品包装的企业应向出入境检验检疫机构申请备案。

自 2007 年 9 月 1 日起施行，由国家质量监督检验检疫总局（局徽见图 9.9）发布的《关于出口食品加施检验检疫标志的公告》，进一步要求对所有经出入境检验检疫机构检验检疫合格的出口食品，必须在销售包装上体现检验检疫标志，否则，一律不准出口。

图 9.9
国家质量监督检验检疫总局

加施检验检疫标志的出口食品涉及水产品及其制品、畜禽、野生动物肉类及其制品、肠衣、蛋及蛋制品、食用动物油脂，以及其他动物源性食品。大米、杂粮（豆类）、蔬菜及其制品、面粉及粮食制品、酱腌制品、花生、茶叶、可可、咖啡豆、麦芽、啤酒花、籽仁、干（坚）果和炒货类、植物油、油籽、调味品、乳及乳制品、保健食品、酒、罐头、饮料、糖与糖果巧克力类、糕点饼干类、蜜钱、蜂产品、速冻小食品，食品添加剂。以上食品凡有销售包装，必须在销售包装上加施；运输包装如为筐、麻袋等无法加施的不要求加施，散装食品不要求加施。

2. 部分国家对食品包装材料安全的有关法规

目前，与中国有着进出口贸易关系的国家大多很重视商品包装的安全质量和环保问题，尤其是美国、欧盟、日本等发达国家和组织对于食品包装的安全性使用更为重视，相关法律法规也比较完善，现简要介绍如下。

美国对食品包装材料使用的相关规定　2004 年 10 月美国官方正式公布修订的公示法案《包装中的毒物》，对任何包装或包装辅助物中铅、镉、汞和六价铬的浓度总量以及玻璃形态的玻璃或陶瓷包装或包装成分中的重金属含量进行了严格的规定。

美国联邦法规中的第 21 章 (CFR) 从第 170 节至第 186 节，对食品的包装进行了严格规定。通常与食品接触的材料必须符合美国食品及药品管理局 (FDA) 的规定，并要求包装使用的材料必须在法规中有明确的确认，包装商还必须遵照法规要求的方法条件处理这些材料；包装材料需要经过检验，通过复杂的迁移测试并被认定是安全可靠的材料。并且，这个方法是新型包装材料的必选测试。美国食品及药品管理局 (FDA，见图 9.10) 还允许公司提交一份"食品接触证明"，凭此判定接触食品的一种材料及其使用方法和相关数据是安全可靠的。

图 9.10
美国食品及药品管理局

另外，因食品包装中黏合剂和油墨可能含有甲醛、苯、甲苯、二甲苯和甲醇等有害物质，美国以及欧盟都在相关法律中对用于食品或药品包装的黏合剂和油墨类型作出了明确规定，只要是法规中没有提到的化学品，一律禁用。

欧盟国家对食品包装材料的相关规定

欧盟有关食品接触材料的立法始于 20 世纪 70 年代中期，现行的法规是欧盟 2004 年 11 月 13 日颁布的一项欧洲议会和欧盟理事会通过的有关食品接触材料的法规 (EC) No. 1935 / 2004。该法规适用于所有成型的，可能接触到食品的，或在正常或可预见的使用条件下，可能把自身成分转移到食品上去的物质，并提出了通用要求：进入欧盟市场的所有食品接触材料和制品，应按良好生产规范组织生产，这些材料和制品在正常或可预见的使用条件下，其构成成分转移到食品中的量不得造成危害人类健康或食品成分发生无法接受的变化，或感官特性的劣变的情况，且材料和制品的标签、广告以及说明不应误导消费者。

德国对中国出口食品使用的包装用纸箱提出了新的要求，要求尽可能用胶水封箱，不能用 PVC 或其他塑料胶带，如果不得不用塑料胶带，也必须是不含有 PE / PB 的胶带。

日本对食品包装材料的相关规定

日本早在 1947 年就制定了《食品卫生法》《食品卫生法施行令》及《饮食业营业取缔法》等法律法规；根据不同的饮食品种，还相继制定了相关规则。日本法律法规规定：食品包装必须卫生，食品标签和食品内容必须一致，食品标签的说明中不得有虚假和夸大成分；食品上市要经过严格的检测。检测人员要经过专业训练并获得合格证书。

日本对食品的容器、添加剂和包装材料采取分开管理的模式。日本食品卫生法规定，禁止生产、销售、使用可能含有有害人体健康物质的食品容器、包装材料。日本劳动厚生省颁布的标准分为 3 类：规定了所有食品容器和包装材料中重金属，特别是铅的含量要求的一般标准。例如，规定马口铁中的铅含量不得超过 5%，其他金属容器不得超过 10%。该类标准还规定，包装材料使用合成色素必须经过劳动厚生省的批准；建立了金属罐、玻璃、陶瓷、橡胶等物质的类别标准；此外还制定了 13 类聚合物的标准，包括 PVC、PE、PP、PS、PVDC、PET、PMMA、PC、PVOH 等；另外还对于具有特定用途的材料制定了专门用途标准，如巴氏杀菌牛奶采用的包装、街头食品用包装等。

日本对食品包装材料的管理除遵照上述食品卫生法的要求外，更多的是通过相关行业协会的自我管理。日本卫生 PVC 协会（JHPA）制定了适合于生产食品包装材料的物质肯定列表；日本印刷油墨行业协会则制定了不适合印刷食品包装材料物质的否定列表。

9.3.2 针对进出口商品包装设计形式方面的有关法规

针对进出口商品包装设计的视觉表现，主要体现在对包装设计使用的有关图文的规定。

1. 部分国家在标志设计中禁止使用的图形规定

阿拉伯国家规定进口商品的包装禁用与以色列国旗中的图案相似的六角星图案。信奉伊斯兰教的国家，商品包装上禁用猪或类似猪的图案。沙特阿拉伯严禁在文具上印绘酒瓶、教堂、十字架图案，违者没收销毁。利比亚禁止使用猪的图案和女性人体图案。

英国商标上忌用人像作为商品包装的图案，忌用大象、山羊图案，却偏好白猫；法国人忌用核桃、黑桃图案，商标上忌用菊花、仙鹤、乌龟。瑞士人忌讳猫头鹰。德国人禁用类似纳粹和纳粹军团的符号做标记。此外，国际上的警告性标志通常为三角形，所以出口产品的商标忌用三角形等。

2. 部分国家在商品包装设计中对使用语种的规定

希腊商业部规定，凡进口到希腊的外国商品包装上的文字，除法定例外者，均要以希腊文书写清楚，否则将追诉处罚代理商、进口商或制造商。包装上书写项目包括：代理商或公司名称、进口商或制造商全名（如两家以上也要逐一写明）、上述商号公司营业地址与城市名称、制造国家名称、货品的内容和种类、货品净重量或液体货品毛重量。

加拿大政府规定，进口商品包装上必须同时使用英、法 2 种文字；销往法国的产品的装箱单及商业发票须用法文，并以法文译注包装标志说明。销往阿拉伯地区的食品、饮料，必须用阿拉伯文字说明。销往巴西的食品，要附葡萄牙文译文。

还有的国家有数字方面的禁忌，如日本比较忌讳"4"和"9"这两个数字，出口日本的产品，最好不要以"4"为包装单位；欧美人则忌讳"13"等。

9.4 包装设计师的自律

自律,是指自我教育、自我约束、自我规范的过程,也是自觉遵守法律法规,约束规范自己的从业行为。因此,对于设计师而言,应当做到自觉遵守相关法律法规。现从商品包装设计行业自律和设计师自律两个方面加以分析。

9.4.1 包装设计行业自律

行业自律是市场经济体制的必然产物。行业自律的目的是对行业内的成员进行监督与保护,不仅是对国家法律法规的遵守与贯彻,也应视为是行业内部遵守执行的行规。

1. 包装设计行业自律组织

通常情况下,行业自律是通过专业性的行业协会组织,结合本行业特点以及相关法律法规拟定的行业自律规范,使本行业在一个健康有序的市场环境中得以生存发展。如中国包装联合会,其宗旨是"在国务院国有资产监督管理委员会的直接领导下,围绕国家经济建设的中心,本着服务企业、服务行业、服务政府的'三服务'原则,依托全国地方包装技术协会和包装企业,促进中国包装行业的持续、快速、健康、协调发展"。

2. 包装设计行业自律的管理内容

行业协会在行使行业自律管理方面的主要内容有以下 4 点。

严格执行相关法律法规

在对现行法律法规中涉及包装设计行业的相关条款全面学习理解的基础上,拟定具体的行业自律管理办法,并通过教育培训以及监督检查等管理职能,确保本行业的自律和规范。

制订并认真执行行规行约

"行规行约"是行业内部自我管理、自我约束的一种有效措施，是建立在执行法律法规、发挥行业特点的基础上，通过多年来行业发展所形成的运行规范及运作模式，逐步被广大从业人员认同并遵守的相关规则。行规行约的制定和执行拥有较好的行业基础，对从业人员能够起到一种自我监督的作用。

确保向社会提供优质、规范的服务

行业自律的最终目的是确保本行业能够为社会经济发展和文化建设提供优质规范的服务，这是行业生存发展的重要基础，是所有从业人员自我发展的基本保障，也是行业协会自律管理的目标要求。

维护行业利益和社会公众利益

行业自律管理不仅是维护本行业利益的必要途径，同时也是维护生产者、消费者利益，避免恶性竞争，进而维护整个社会健康持续发展的重要保证。

3. 包装设计行业自律的管理方式

行业自律的管理方式主要有教育培训、监督检查和惩戒处理三个方面的内容。

行业自律的教育培训

自律的前提建立在全面了解现行相关法律法规的基础之上，对于商品包装设计行业来说，所涉及的相关法律法规、行业标准等内容丰富，同时还在逐步完善地修订。因此，有组织地加强行业内部从业人员的教育培训是保证行业自律的重要方式。

同时，协会定期或不定期地举办有针对性的主题培训活动，能够结合国家经济发展热点或新的法律法规推行的关键问题，就行业内重点涉及的人员进行集中培训，以确保行业从业人员能够及时了解国家修订更新的法律法规条款，并在自己的设计工作中得到贯彻执行。

行业自律的监督检查

自律的基础是行业的自觉行为，但同样需要行业自律管理机构的监督检查以确保自律管理的有效性。所制定的各项自律规则或者行规行约，只有保证认真贯彻执行，才能真正实现自律的目标和要求。因此，行业协会的监督检查是保证行业自律必不可少的一个重要方式。

行业自律方面的监督检查主要涉及与现行法律法规和行业标准的相关内容在商品包装设计中的执行情况，如包装材料的质量、安全要求，商品包装设计中使用规范图形、禁用图形的情况，以及与商品包装设计紧密关联的专利保护等情况。

行业自律的惩戒处理

行业自律除了从积极的角度鼓励、教育从业人员自觉达到自律要求以外，对于涉嫌违反法律法规和行业自律规则的内容与行为，任何单位和个人均可以向行业协会管理机构进行投诉和举报，行业协会则依据自律规则的要求，对其进行劝诫、批评教育以及相应地处理，涉及触犯法律法规情节的，报请政府有关部门处理。

9.4.2 包装设计师的自律

作为包装设计师，自觉遵守相关法律法规和行业自律规则，不仅有利于社会和行业的健康发展，同时也是设计师的社会责任和义务。自律的内容大致包括原创性自律、真实性自律和公德性自律。

1. 原创性自律

原创性自律一方面要求在包装设计过程中，设计师应善于吸收具有开创性的设计成果；另一方面，还应当严格按照《专利法》《商标法》《著作权法》的相关规定，尊重他人的知识产权，杜绝抄袭。如果在商品包装设计活动中需要使用他人作品时，应当依法获得权利人许可，并支付相应的报酬。

2. 真实性自律

商品包装设计的真实性是现行法律法规和行业自律规则管理的重点。作为商品包装生产流通链条的起点，包装设计师有责任对不符合法律法规要求的包装材料、包装工艺、包装设计形式的使用进行抵制，尤其是对法律法规中明确提出的禁止性内容，应坚决予以反对。同时，对于所设计的商品包装应全面了解该商品的信息，确保包装设计能够准确真实地反映商品信息。

3. 公德性自律

包装设计师的自律还包括职业道德和社会公德方面的自我约束和自我管理。在设计过程中，设计师应当尊重良好的道德传统，弘扬健康的民族文化，尊重其他国家和地区的文化传统，尊重大自然，合理节约资源，并主动地通过自己在设计形式、包装材料和工艺方面的不断革新，为社会及行业的可持续发展做出贡献。另外，从职业道德自律的角度，设计师还应做到通过不断提高设计水平和质量，满足客户和消费者的合理诉求，自觉维护健康有序的市场环境。

本章思考题

在商品包装设计中尊重法律法规的意义是什么？

食品包装设计中为什么需要添加"QS"标志？

设计师自律的重要性主要体现在哪几个方面？

第 10 章　发展与趋势

教学安排

课程名称	《现代包装设计》十 —— 发展与趋势

课程内容　当今包装设计的新观念和新趋势，以及驱动发展的动因和缘由。

教学目的 与要求　了解时代背景下包装设计的发展规律和最新趋势，了解当今社会对包装设计的新要求以及当下包装对生态环境保护和社会文明发展的价值和意义。

教学方式 与课时　讲授与讨论相结合。4 课时。

作业形式　根据课程内容完成 3000 字左右小论文一篇。

参考书目　杨明洁、黄晓靖编著 . 设计趋势报告 [M]. 北京：北京理工大学出版社，2012
罗建、李妍珠编著 . 思设计·设计趋势之 [M]. 北京：电子工业出版社，2011
[日] 原研哉著 . 设计中的设计 [M]. 济南：山东人民出版社，2005

随着包装产业的兴旺，同时由于其强大的美饰和传播功能，其概念已不局限于商品范畴。从塑造和传播形象的角度，包装已经延伸成为对"名人""企业""城市"乃至"国家形象"的形象塑造活动。这种变化体现了"包装"概念的不断拓展，与时代、社会和生活的紧密结合。

进入到 21 世纪，社会普遍认识到工业化发展带来经济增长和文化繁荣的同时，也带来了诸如全球性的资源浪费、环境破坏、人口膨胀、生态失衡等问题。随着时代的发展，人类在追求物质和功能价值的同时，将更加关注对精神、文化的追求。如何在"可持续发展"的背景下重新思考和界定包装设计已成为当下重要的时代话题。

2010 年 6 月 1 日至 4 日，以"合作、创新、发展、共赢"为主题的"2010世界包装大会"在北京举行。大会提出了数字化、绿色化、创意化、个性化的包装工业发展新前景，同时，提出国际包装业要深化创新与合作，以"绿色包装""创新包装""创意包装"作为发展战略的重点。

基于当前社会发展背景以及世界包装大会提出的发展设想，我们发现，未来包装业"发展"的核心在于其目标的变化，包装设计开始由关注商品转向关注人，由注重市场效益转向注重人与社会、人与自然的综合社会效益，由追求物质功能最大化转向彰显文化与文明价值的最大化。这种目标的转变必然引发包装设计观念产生一系列变化，进而带动包装材料、包装生产、包装消费整个产业链的整合与创新。总体而言，包装设计的未来发展趋势体现在如下几个方面。

10.1 以绿色观念为导向的包装设计

现代工业为人类创造了现代的生活方式及舒适的生活环境，也加速消耗了地球上有限的资源与能源，破坏了原有的生态平衡。特别是西方设计界提出的"有计划的商品废止制度"，不断以设计手段促使产品样式更新，诱导消费者奢侈浪费、重复消费，进一步加剧了人类社会的环境、资源矛盾。

20 世纪 80 年代设计界发展起来的"绿色"设计观念，乃是设计师对环境污染、生态恶化、资源短缺等日益严重社会问题的回应。"绿色"设计观念提倡人与自然环境的和谐相处，主张厉行资源节约，追求可持续的发展理念。"绿色"设计观念在最初被提出时显得有些突兀，但随着自然环境的日益恶化和各种资源的日益稀缺，"绿色"设计观念已逐渐为人们所接受，并且在现今成为人类社会的普遍共识。图 10.1 所示为中国环境标志，图 10.2 所示为中国环保标志。

图 10.1
中国环境标志

从包装业发展角度看，遵循绿色设计观念的"绿色包装设计"不仅仅是一种时尚潮流，而且已经成为国际包装业未来发展的基本原则之一。"绿色包装"（Green Package）是指对生态环境与人类健康无害，能够重复使用和再生，从包装原料的选择、制造到使用及至废弃的全过程均不对人体或生态环境造成公害的适度包装。包装的设计观念、材料和技术研发、包装生产以及包装消费模式的转型，都将围绕着可持续发展的要求展开。同时，"绿色包装"概念也将随着包装产业链的更新发展而被注入更加丰富的内涵。

图 10.2
中国环保标志

具体来说，绿色包装应符合如下几个方面的要求，也就是被世界公认的 3R（Reduce，Reuse，Recycle）和 1D（Degradable）原则。

10.1.1 包装材料减量化（Reduce）

包装减量化是指在满足保护、便捷、销售等功能的前提下，尽可能在选材、制作和生产环节减少包装材料的使用，用最少的材料实现适度包装的目的，能够有效地减少资源浪费。就目前来看，我国包装行业中依然存在着严重的过度包装现象。注重外在的礼品文化、对虚荣的追求、环保意识的淡薄是导致这一现状的主要根源。随着包装相关法规的逐步健全及消费者意识的转变，此种现象必将得到缓解。同时，包装技术的革新也为材料的减量化带来积极的影响，更轻、更薄、更环保的材料节约了大量的包装材料。

10.1.2 包装的重复利用（Reuse）

通过有效设计以及选择合理的包装材料，可以使包装多次重复利用，这也是有效遏制资源浪费的方式。如玻璃包装器皿在实现经过了回收和清洁程序后可再重复利用，而一些复用型设计使得包装在使用之后可以具有新的用途。中国的文化中本来就有勤俭节约、废物利用的传统，劳动人民在生活中也积累了许多重复利用包装的方法。只要设计者从环境保护的角度出发，认真思考，广泛汲取经验，就可以设计出受广大消费者欢迎的复用型包装。

10.1.3 包装的回收与再生（Recycle）

通过回收包装废弃物，能够生产再生制品，或通过焚烧产生热能，使包装能够通过回收达到不污染环境，又可以重复使用的方式。目前，废纸的再生利用已经形成了一个良好的循环，利用再生纸制成的包装箱、家具、卫生材料、建筑材料等产品，可以再次造福于人类。除纸张外，玻璃、木材、塑料等包装材料，也都可以通过不同的方式再生。如何提高包装物回收与再生的比例与工作效率，与包装材料相关，与回收工艺相关也与包装设计者相关。只有在包装的每个环节都进行合理的改进，才能推动包装材料的回收与利用。

图 10.3
汽车减震挡泥板包装　日本

10.1.4包装废弃物的腐化降解 (Degradable)

有资料显示，现今包装废弃物的排放量约占城市固态废弃物重量的1/3，体积的1/2。对于不可回收利用的包装废弃物，绿色包装设计采取能够被腐化降解，而不会造成永久性垃圾污染环境的方式。世界发达国家均重视发展利用生物或光降解的包装材料。

20世纪90年代以后，对于"绿色包装"的认识已经拓展到"生命周期分析（Life Cycle Analysis）"方法，强调包装从原材料选择到废弃物处理的全过程都纳入系统的、全面的、科学的分析比较程序，以综合评价包装的环境性能。同时，对于包装材料和生产过程中对人体和生物的健康安全要求也更加严格，有毒物质的限量范围得到进一步的规范，并通过各种法律法规的颁布实施，将包装的安全、环保等理念纳入严格的法制管理过程中。

如今，包装设计界大力倡导符合节能、环保、低碳、可持续发展的设计原则，提倡环保与可二次使用的包装方式，在产业链的源头植入"绿色发展，循环发展，低碳发展"的环保设计理念。

图 10.4
"乌木镇纸"包装 中国

10.2 以合理原则为导向的包装设计

　　所谓"合理"，即是"适当"。以合理原则为导向的现代包装设计已成为包装发展的主流之一，它推崇的是最合理的包装结构、最精练的造型、最低廉的成本。合理的包装取决于完整性与包装成本的平衡性，是为了防止储运过程中发生意外、商品受破坏和损伤而采取的必要措施，也对包装材料和包装结构的设计提出了较高的要求。因此，在商品包装设计中，应避免过大、过度和过于简单的包装，还应充分考虑保护性、安全性及包装废弃物处理等因素。合理包装设计的具体内容与方法如下。

10.2.1 包装材料的可循环利用设计

图 10.5
常见的纸包装材料回收标志

　　包装材料的选择是合理化包装设计的重要组成部分，也是实现绿色包装要求的主要环节。因此，在形成包装设计方案之始，设计师应充分考虑包装设计的材料选择，尽可能地使用能够被循环利用的原材料，并通过对材料使用过程以及回收方法的综合考虑，把包装材料纳入可循环利用的轨道中，从而实现减少资源消耗，增加材料综合使用价值的环保要求。有的设计者为了提高包装的档次，刻意使用贵重的材料。有的厂家也常常对设计者提出这样的要求。实际上商品的档次首先来自于商品的质量与口碑，来自于设计的创意。不当地使用华丽贵重的材料，只会造成不可再生资源的浪费，并助长铺张浪费的风气。图 10.5 所示为常见的纸包装材料回收标志。

10.2.2 包装结构的模块化设计

包装结构的模块化设计一方面要求我们在结构设计中尽可能将可回收与不可回收的材料采用易于分拆的方式设计，以便于分门别类加以处理；另一方面，通过模块化设计，能够使包装分拆结构中的各个部分得到合理的重复使用，减少污染的环保功效。同时模块化设计可以增强包装的生产效率，扩大包装的适用范围，减少材料浪费，节约人力。合理的模块化设计必将为大规模的包装生产提供重要帮助。

10.2.3 符合环保要求的包装信息设计

包装承载着大量的信息，不仅包括产品商品品牌、产品商品品质等基本信息，还应包含对绿色环保意识宣传以及产品商品安全性标准的标注。对于此类信息的传达，世界各国都制定出更加严格的规范制度，对环保及安全性的各种标识提出了进一步的要求。这不仅有利于加强消费环节到废弃物回收环节的环保功效，同时也是对广大消费者的宣传教育。作为设计者应该按照有关的规定，在设计中通过文字、标识和图形将有关信息准确表达，引起消费者的注意。不能为了经济利益刻意使相关信息传达不清。图 10.6 所示为 100% 可回收的 PET 购物袋。

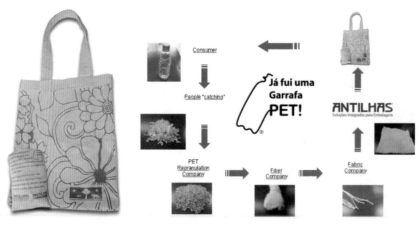

图 10.6
100% 可回收的 PET 购物袋

10.3 以高新技术为导向的包装设计

如今的包装设计越来越讲求科学性、系统性、操作性和指导性。爱因斯坦曾指出：“科学是一种强有力的工具。怎样用它，究竟是给人类带来幸福还是灾难，全取决于人自己，而不取决于工具。”发端于近代社会的科学技术，以及由科技革命引发的产业革命给人类社会带来了翻天覆地的变化，也带来了前所未有的风险与危机。人类社会面对已经形成的生态危机而进行的努力一方面需要更新价值观念，以追求人类全面、可持续的发展为目标；另一方面，围绕这一目标的高新技术创新也成为必然。

“减量化、低排放、再利用、资源化”是包装产业获得可持续发展的重要基础，也是创新发展的基本原则。合理运用高新技术成果与促进高新技术发展成为包装产业创新的重要组成部分：一方面，合理地运用当前的高新技术成果，促进包装产业技术、产业管理水平的升级；另一方面，不断发展的包装更新观念，对高新技术的创新发展也提出了新的要求。主要体现在以下两个方面。

10.3.1 包装材料创新

运用现代高新技术，创新研发可循环利用的包装材料，是包装业创新发展的重要因素。运用现代高新技术一方面体现在对现有包装材料循环利用所需的综合技术进行研发和创新。如我们在包装设计中大量使用的纸材，是导致大片森林被砍伐的重要因素，据统计，在过去的 40 年间，地球森林的 50% 已被砍伐，并引发了全球性温室效应，导致了严重的生态灾难。目前，对于废纸回收以及纸制品的再利用已经逐步成为人类社会的共识，而相应的回收、再利用技术的研发也有待于进一步拓展；另一方面，对于符合生态保护要求的新型包装材料的研发也成为创新包装材料的重要命题。如 Cargill Dow 开发了一种名为 Nature Works 的可分解包装材料，以玉米为原料用于牛奶包装，并在广告语中提出“我们靠奶牛挤奶，靠大地种出这些瓶子”。

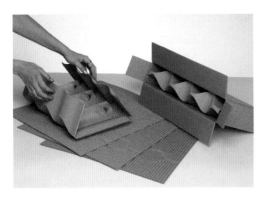

图 10.7
瓦楞纸玻璃杯包装

图 10.8
室内绿植包装

10.3.2 包装生产工艺创新

包装生产过程中，机械设备运转所带来的碳排放、废弃物污染，包装印刷程序中各种覆膜和化学有害物，是包装生产工艺创新需要首要解决的问题。数字化、自动化技术以及先进智能系统在包装生产过程的应用，满足了产品商品质量全程监控的适时检测需要，提高了成品率和产出效率，并有效地降低了能耗。信息技术在包装印刷领域的运用，促进了个性化、数字化、可控化等重要功能的实现，如采用 CIP3/4 技术、CTP 技术和色彩管理技术等，有效地降低试印纸张以及废品的数量，具有增效、环保的双重功效。印刷油墨选择无害或低害的水性油墨或大豆油墨，印刷的版材选择免冲洗式版材，润版液则选用无醇或低醇的润版液等手段，这些都使得包装印刷技术得以不断地提高。

10.4 以多样化需求为导向的包装设计

　　文化的多元化、人类需求的多样化是当代社会的基本特征。文化多元化所带来的丰富多样性是人类创造性的源泉。因此，对于人类文化多样性的尊重以及需求多元化的满足必然成为未来人类社会发展的重要趋势。从包装业发展角度来看，人类文化的多样性为包装的创新发展提供了丰富的文化资源，同时也对包装设计发展提出了明确的新的要求：基于可持续发展的"绿色包装"的原则，进一步发挥人类文化传统以及不同地域文化在包装设计观念、材料运用以及生产技术等方面的经验，实现包装设计生态化、个性化、人性化的创新发展（见图 10.9 ~ 10.11）。

　　多样并存与差异共生是自然生态和人文生态得以平衡发展的基础。包装设计的生态化发展不仅体现在对自然生态平衡的保护方面，也应该包含对人类文明发展过程中所形成的人文生态的尊重和理解上，并将这种凝聚着人类生存智慧的观念或形式转化为包装设计创新发展的源泉。

　　关于这一问题，除了前文所提到的绿色包装设计内容之外，还可以从以下几个角度来考虑。

图 10.9
矿泉水包装　瑞士

图 10.10
大米包装　日本

图 10.11
柚子创意环保包装　泰国

10.4.1 回归自然的质朴设计

使用天然材料，以看似"未加工"的形式进行包装设计，使产品商品形成回归自然的质朴感觉。还可以借助于自然生物的样态、结构、功能作为基础，进行提炼、模仿以至于再创造，形成仿生设计，使包装材料或形态取之自然，又回到自然，与自然环境有机地融为一体。在新技术、新材料不断涌现的当下，回望传统工艺中那些天然环保的材料，再次发展与利用，同样是一种创新。自然天成的材质，对于包装带来的不仅是工艺上的环保，同时也能赋予产品自然质朴之美，是艺术与技术的结合。

10.4.2 富于情感的怀旧设计

对人类文明进程中某一种观念或某一种风格的复兴始终贯穿文明发展的过程中。运用那个时代的象征性或典型性符号、色彩、样式予以再现、拼接乃至于混搭、更新组合，都能够从不同层面激起人们对往昔的怀念，并唤起人们潜意识中丰富而微妙的情感体验，赋予包装设计一种对传统文化的追怀之情。在这个强调创新的时代，创新并不意味着抛弃传统和历史，怀旧也不是一种落后的表现。怀旧往往意味着我们在发展的过程中遗失了一些珍贵的东西，只有不断地回望才能不留遗憾。

10.4.3 突出民族、民俗特征的地域性设计

每个民族生息繁衍的自然环境与社会环境千差万别，这种差异形成了各自不同的民族特征与文化内涵。设计师广泛了解并深入挖掘不同地域的文化传统，结合当地的风俗习惯或节庆礼俗，在包装观念、包装材料的选用以及包装结构、工艺等方面，有机转化为新的包装创意，将丰富的文化多样性特色通过包装设计展现出来，这是传播地域、民族文化的有效途径，也是获得包装设计创新发展的重要方式。

10.4.4 经济简约的时尚设计

摒弃繁复的材料堆砌，注重包装材料的经济性，减少不必要的包装加工工艺或印刷工艺，以生动、清新、明快的色彩或造型设计吸引消费者的注意，传播品牌形象。这不仅符合"适度包装"的环保要求，同时与当今快节奏的时尚生活方式相契合。

10.5　以个性化需求为导向的包装设计

主张个性自由的后现代思潮引领了当今社会尊重个性、追求个性张扬的时尚潮流，也使得消费文化呈现出多元化的发展趋势。设计师的标新立异、生产商的差异化竞争以及消费者的个性差异，共同铸就了包装设计个性化的发展趋势（如图10.12所示）。高科技和时尚成为其创新发展的推动力。在包装设计中，个性化可以从以下4个角度得以表现。

10.5.1 面向满足细分群体需求的小众化设计

图 10.12
纸浆塑形包装 中国

消费群体的个性化需求，使细分市场趋向多元并存的小众化形态，同时，对于产品商品丰富的情感意义以及内涵表达的多层次、多角度的要求，使得与产品商品相得益彰的包装设计呈现出与之相适应的小众化倾向：小批量、手工制作、定制化、品牌化甚至单件数码印刷等形式，满足了符合细分化市场的"小众"需求。

10.5.2 形式丰富多样的参与型设计

通过对包装结构的组合设计、包装材料的巧妙运用，使得包装能够在完成了其使用功能之后，还可以通过消费者的参与加工，成为具有新的功能或新的形式的其他物品，从而延长包装材料的使用寿命，满足低碳环保的要求，并为消费者带来全新的创作乐趣和愉悦感受。如包装部件的可分拆结构，可以在一次性包装使用后，成为新的装饰品或者办公用品等。

10.5.3 基于时代审美需求注重文化品位的艺术性设计

对文化品位的艺术性追求，是当今时代消费观念发展的重要特征。因此，通过传达经典艺术风格、民族艺术元素或者民间装饰韵味，形成个性独特新颖的艺术创意，将产品的形态、风格、文化内涵等因素相得益彰地纳入外包装设计中，使包装的外在形式与内在含义相吻合，使产品与其包装共同成为具有观赏和收藏价值的"艺术品"。

10.5.4 引导前卫潮流的时尚包装设计

前卫潮流的时尚变化，体现了时代消费观念在不断更新发展中的活力，以及人们追求文化精神价值的愿望和要求。尤其是处于时尚前锋的年轻消费群体，对于包装引导观念和风格的创新发展起到了积极的作用。因此，包装的时尚化设计，基于绿色环保要求的基础，结合高新技术成果而形成的新形态、新样式以及新的实用功能，都将引领包装设计的创新发展。图 10.13 所示为 Pandle Repackaging 的包装设计。

图 10.13
防菌手握护套 包装设计

10.6 以人性关怀为归旨的包装设计

人性化设计是在设计中讲求对人类精神层面的综合性关怀。它一方面体现在逐步提高对人类生存舒适性、安全性、便捷性的关注和重视，如对老年人、儿童、残疾人等弱势群体的体恤和关爱。通过对包装使用方式、使用过程的系统的深入分析，创新发展更加符合舒适、安全、便捷要求的包装设计。另一方面，体现在赋予所生产的产品以情感或意蕴，使人们能够从设计中体会到精神的愉悦与情感的满足。

10.6.1 规范日趋严格的安全性设计

图 10.14
《茶的百科全书》茶叶包装　斯里兰卡

图 10.15
茶包的单包装和消费者包装　匈牙利

伴随着环境污染以及各类化学品泛滥的社会问题，包装对安全性的重视和规范要求日益升级并成为生产生活的重中之重。对此，包装设计应充分考虑包装材料、包装形态以及包装使用过程的安全要求，尽可能全面周到地确保包装的使用安全。同时，还应结合绿色环保要求，注重包装废弃、回收及再利用环节的安全性。目前，很多国家已经出台了关于包装安全性的相关法律法规，甚至以强制性执行的严格要求来确保包装的安全性指标。因此，在包装设计过程中，设计师需要全面而深入地了解包装设计所使用材料、工艺的安全性要求，对于包装结构设计和使用方式的设计应更加广泛地考虑到使用者及其环境的安全、健康需求。例如，食品类包装材料对食品污染的可能性、药品包装对药品性能的稳定性等。

10.6.2 关注特殊群体的针对性设计

随着社会文明程度的提高，专门针对老年人、儿童、残障人士等特殊群体的设计得到广泛关注，并且随着社会文明程度的提高而不断发展。据统计，目前全世界 60 岁以上的老人已达到 6 亿多人，有 60 余个国家已经进入了老龄化社会。针对关于这些特殊人群的生活习惯、生活方式以及情感需求所进行的系统设计研究，也逐步得到了社会和设计界的更多关注，并将成为未来包装设计发展的一个重要组成部分。比如，药品包装盒在开启方式的设计上，增加儿童开启药盒的难度，有效避免儿童误开、误食情况的发生。

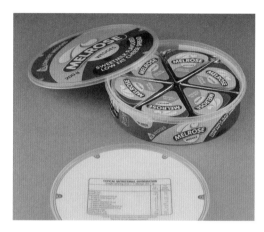

图 10.16
梅尔罗斯盒装切块奶酪 200g 南非

10.6.3 基于使用方式的服务性设计

产品从研发设计到使用以及回收周转已经成为一个完整的系统，其中，消费者的使用方式关系到整个系统的各个环节。服务性设计要求设计者充分了解消费者在使用过程中生理和精神方面的需求，注重过程的体验和感受，将单纯的形态设计上升到注重包装使用全过程的系统化设计的高度（见图 10.16 ~ 10.17）。

除了上述特征以外，基于产业链更新发展的战略要求，未来的包装设计创新还需要跨地域、跨领域的合作平台。一方面，经济全球化的进程已经将包装业的发展置于一个全球化的平台之上，国际间的合作势在必行；

图 10.17
筒型抽拿式甜点包装　韩国

另一方面，涉及原材料开发、生产流程、销售与消费以及废弃物处理等诸多环节的包装产业，必须依托相关产业领域的技术创新来达到整体创新的目的。国际标准化组织 ISO/TC122/SC4 大会和包装与环境标准化论坛于 2010 年 6 月在北京国际会议中心举行。大会就年初通过的《包装与环境 ISO 标准的使用要求》《包装与环境：包装系统的优化》《包装：重复使用》《包装：材料循环利用》《包装：能量回收》《包装：化学回收》《包装：有机回收》7 个国际标准提案进行探讨，参会代表涉及标准、环保、质检、设计、包装材料、包装生产、包装废弃物回收和再利用以及物流、外贸和包装使用等企业，构成了围绕包装的设计、生产、消费、回收全过程的巨大产业链，众多专业人士共同研究发展低碳经济的应对策略。

本章思考题

什么是包装产业健康良性发展的重要基础？

过度包装会带来哪些危害和影响？

"绿色包装"对当今社会可持续发展的价值与意义是什么？

参考文献

罗祥骥.世界包装标准大全 [M].北京:航空工业出版社,1993.

高中羽.包装设计 [M].哈尔滨:黑龙江美术出版社,1996.

王受之.世界现代平面设计史 [M].深圳:新世纪出版社,1998.

陈汉民.标志设计 [M].哈尔滨:黑龙江美术出版社,1999.

何洁.汉字字体设计 [M].哈尔滨:黑龙江美术出版社,2001.

许平,潘琳.绿色设计 [M].南京:江苏美术出版社,2001.

王国伦,王子源.商品包装设计 [M].北京:高等教育出版社,2002.

[美]里斯特劳特.定位 [M].王恩冕,译.北京:中国财政经济出版社,2002.

曾景祥,肖禾.包装设计研究 [M].长沙:湖南美术出版社,2002.

[美]唐纳德·诺曼.设计心理学 [M].北京:中信出版社,2002.

许杏蓉.现代商品包装学 [M].台北:视传文化事业有限公司,2003.

冯黎明.技术文明语境中的现代主义艺术 [M].北京:中国社会科学出版社,2003.

金银河.包装印刷技术 [M].北京:中国纺织出版社,2003.

[美]达理尔·特拉维斯.情感品牌 [M].北京:新华出版社,2003.

黄俊彦.现代商品包装技术 [M].北京:化学工业出版社,2004.

刘国靖.中国包装标准目录 [M].北京:中国标准出版社,2004.

赵秀萍等.现代包装设计与印刷 [M].北京:化学工业出版社,2004.

萧多皆.纸盒包装结构设计指南 [M].沈阳:辽宁美术出版社,2004.

赵农.中国艺术设计史 [M].西安:陕西人民美术出版社,2004.

张绍勋.中国印刷史话 [M].北京:商务印书馆,2004.

左旭初.中国商标史话 [M].天津:百花文艺出版社,2005.

黄耀文.定量包装商品计量监督管理办法 [M].北京:中国计量出版社,2005.

杨庆峰.技术现象学初探 [M].上海:上海三联书店,2005.

[日]原研哉.设计中的设计 [M].济南:山东人民出版社,2005.

白世贞.商品包装学 [M].北京:中国物资出版社,2006.

中国标准出版社第一编辑室,中国包装技术协会信息中心编.中国包装标准汇编1—7册 [M].
北京:中国标准出版社,2006.

陈磊.包装设计 [M].北京:中国青年出版社,2006.

陆佳平.包装标准化与质量法规 [M].北京:印刷工业出版社,2007.

宋宝丰.包装容器结构设计与制造 [M].北京:印刷工业出版社,2007.

[日]佐佐木刚士.版式设计原理 [M].武湛,译.北京:中国青年出版社,2007.

尚刚.中国工艺美术史新编 [M].北京:高等教育出版社,2007.

包装国家汇编小组.包装国家标准汇编(上下)[M].北京:中国标准出版社,2008.

[美]唐·伊德.北京大学科技史与科技哲学丛书—让事物"说话":后现象学与技术科学 [M].
韩连庆,译.北京:北京大学出版社,2008.

[美]唐纳德·诺曼.情感化设计 [M].北京:电子工业出版社,2008.

[美]谢里尔·丹格·卡伦等.小手册大创意:包装设计案例分析 [M].刘爽,译.北京:中
国青年出版社,2008.

鞠海.包装模型 [M].沈阳:辽宁科学技术出版社,2009.

李砚祖.艺术设计概论 [M].武汉:湖北美术出版社,2009.

[美]格拉德威尔.引爆点:如何制造流行 [M].钱清,覃爱冬,译.北京:中信出版社,
2009.

[美]John McWade.超越平凡的平面设计:版式设计原理与应用(平面设计师必读之书)[M].
北京:人民邮电出版社,2010.

张立民.印刷业务员必读手册:第二版全新上市 [M].北京:文化发展出版社有限公司,
2010.

[美]尼尔森.包装印刷(上、下册)[M].赵志强,译.北京:文化发展出版社有限公司,
2010.

[美]西奥迪尼.影响力 [M].闫佳,译.沈阳:万卷出版公司,2010.

[美]美国专业设计协会.设计,还是不设计 [M].天津:天津大学出版社,2010.

[美] 哈里森 . 怎样出售设计创意 [M]. 余晓诗 , 译 . 上海 : 上海人民美术出版社 , 2011.

赵频 . 标志设计 [M]. 南京 : 东南大学出版社 , 2011.

刘春明 . 版式设计 [M]. 成都 : 四川美术出版社 , 2011.

[日] 伊达千代 , 内藤孝彦 . 版面设计的原理 [M]. 周淳 , 译 . 北京 : 中信出版社 , 2011.

[日]+Designing 编辑部 . 版式设计——日本平面设计师参考手册 (版式设计必读) [M]. 北京 :
人民邮电出版社 , 2011.

[美] 罗纳凯莉 , [美] 埃利科特 . 包装设计法则 [M]. 刘鹂 , 庄崴 , 译 . 南昌 : 江西美术出版社 ,
2011.

[美] 史蒂文・赫勒 , 埃莉诺・佩蒂特 . 三十四位顶尖设计师的思考术 [M]. 郭宝莲 , 译 . 北京 :
中信出版社 , 2011.

[美] 菲利普・科特勒 . 营销管理 (第 14 版)[M]. 王永贵 , 等 , 译 . 北京 : 中国人民大学出版社 ,
2012.

贺鹏 , 谈洁 , 黄小蕾 . 版式设计 [M]. 北京 : 中国青年出版社 , 2012 .

[美] 穆恩 . 哈佛最受欢迎的营销课 [M]. 王旭 , 译 . 北京 : 中信出版社 , 2012.

Viction:ary 公司 . 简约包装设计 [M]. 孙可可 , 译 . 杭州 : 浙江人民美术出版社 , 2012.

ArtTone 视觉研究中心 . 版式设计从入门到精通 [M]. 北京 : 中国青年出版社 , 2012.

[日] 伊达千代 , 内藤孝彦 . 文字设计的原理 [M]. 悦知文化 , 译 . 北京 : 中信出版社 , 2012.

[英] 加文・安布罗斯 , 保罗・哈里斯 . 创造品牌的包装设计 [M]. 北京 : 中国青年出版社 ,
2012.

[美] 赫里奥特 . 包装设计圣经 [M]. 蕰鑫 , 张平 , 孟艳梅 , 译 . 北京 : 电子工业出版社 ,
2012.

[韩] 文灿 . 与众不同的设计思考术 [M]. 武传海 , 译 . 北京 : 电子工业出版社 , 2012.

何洁 . 平面广告设计 : 从概念到表现的程序和方法 [M]. 长沙 : 中南大学出版社 , 2013.

[日] 木村刚 . 日本纸盒包装创意设计 [M]. 孙琳 , 译 . 北京 : 文化发展出版社 (原印刷工业
出版社), 2013.

林庚利，林诗健. 包装设计+：给你灵感的全球最佳创意包装方案 [M]. 北京：中国青年出版社，2013.

[美]蒂莫西·萨马拉. 美国视觉设计学院用书：图形、色彩、文字、编排、网络设计参考书 [M]. 庞秀云，译. 广西：广西美术出版社，2013.

史玉柱《口述》. 优米网，编. 史玉柱自述：我的营销心得 [M]. 北京：同心出版社，2013.

[美]基恩·泽拉兹尼. 用图表说话：麦肯锡商务沟通全新解读 [M]. 张晓明，译. 北京：电子工业出版社，2014.

[美]本斯. 小成本做大品牌：我在宝洁、美赞臣 20 年的经验，你也能用 [M]. 谭雁，戎静，译. 北京：中国电影出版社，2014.

[美]邱南森. 数据之美：一本书学会可视化设计 [M]. 张伸，译. 北京：中国人民大学出版社，2014.

[美]谢梅耶夫，盖斯玛，哈维夫. 品牌标志设计 [M]. 黎名蔚，译. 北京：北京美术摄影出版社，2014.

孙诚. 纸包装结构设计（第三版）[M]. 北京：中国轻工业出版社，2015.

吴国欣. 标志设计 [M]. 上海：上海人民美术出版社，2015.

[美]兰德尔·博尔滕. 让你的数字会说话：以最有效的数字呈现技巧征服你的观众 [M]. 潘小果，译. 北京：机械工业出版社，2015.

[英]David Airey. 超越 LOGO 设计：国际顶级平面设计师的成功法则（第 2 版）[M]. 北京：人民邮电出版社，2015.

[美]麦克韦德. 超越平凡的平面设计：怎样做好版式 [M]. 侯景艳，译. 人民邮电出版社，2015.

后 记

全球化背景下，包装设计的功能与意义随着时代的进步在不断拓展和延伸。设计专业的包装设计课程改革也随之深化。《现代包装设计》教材的编纂旨在强调培养学生理论与实践、技术与美学相结合的综合能力，本着面对现实问题、拓宽专业视野、重在实践应用的原则，力求适应当今时代的变化和要求，为我国面向未来的复合型、应用型设计人才培养提供教学参照。全书以包装设计的实际操作流程为主线，有机链接与整合主要知识点，强化学生的全局意识和解决问题的能力，以利于学习者对包装设计的全面认知与理解，从而树立正确的包装设计观。

本教材分为 10 章。

第 1 章含义与沿革，是对包装的定义、内涵与历史沿革等基本知识的介绍，为学生进行下一步学习打下基础。

第 2 章分类与功能，讲解了包装类别与分类方式，以及包装属性与功能、加强学生对专业知识的了解和认知。

第 3 章流程与方法，是对整体包装设计流程的梳理，并以具体案例加以分析，有利于强化学生的整体设计意识。

第 4 章调研与分析，讲述了市场调研的程序与方法，以及如何形成合理的设计定位；加强学生对制订设计计划的能力培养。

第 5 章策略与创意，开始进入设计的思维风暴训练阶段，重点探讨各种行之有效的设计策略，分析创意思维与方法，强调学生的学习自主性。

第 6 章材料与工艺，针对各种包装材料和印刷工艺的介绍，使学生理解材料、工艺在包装设计中合理使用的作用和重要性。

第 7 章形态与结构，介绍纸包装和容器的造型与结构设计方法，让学生理解各种纸包装的形态与结构特点和容器造型设计的思维与操作步骤。

第 8 章元素与编排，是本教材的核心，针对不同设计内容系统解析了图形、文字、色彩等视觉元素的设计方法，并强调如何依据视觉流程进行合理编排。

第 9 章法律与自律，针对当前包装发展现状，搜集整理了相关法律法规中涉及包装与包装设计的相关规定，强化学生的自律意识。

第 10 章发展与趋势，是对当今时代背景下包装设计新观念、新趋势的总结与展望，目的是促使学生自觉树立终身学习和创新意识的形成和追求。

在此基础上，为方便教学和学生的使用将每一部分给出了课时安排、思考题和参考书目，建议使用者和学习者根据自身情况灵活掌握。本教材适用于视觉传达设计专业及与包装设计相关专业教师和学生，以及从事包装设计工作的人员参考和使用。

参加编纂的人员如下：

第 1 章 含义与沿革 —— 何 洁 周 岳

第 2 章 分类与功能 —— 周 岳 何 洁

第 3 章 流程与方法 —— 谢 欣 甄明舒

第 4 章 调研与分析 —— 姚政邑 李 淳

第 5 章 策略与创意 —— 李 淳 姚政邑

第 6 章 材料与工艺 —— 安姚舜 高俊虹

第 7 章 形态与结构 —— 陈 磊

第 8 章 元素与编排 —— 何 洁 彭 璐 李 珂 安尧舜 范媛媛

第 9 章 法律与自律 —— 荆 雷 谢 欣

第 10章 发展与趋势 —— 周 岳 何 洁

图例，整理：孟梦 董雪凌

统 稿：何 洁 荆 雷 张学忠 姚政邑

在此对参加本教材编纂的教师，以及参与装帧设计的赵健老师和参与版面编排的范川、孟梦、董雪凌、张锦华等一并表示感谢。同时，感谢书中所有设计作品和参考文献的作者，他们的成果为本教材提供了例证和支撑材料。

《现代包装设计》教材几经修改，终于完稿。虽然撰写期间不断调整内容以求适应当下设计发展的趋势，但还难免不足之处，希望大家指正。

编者

2017 年 12 月于清华